Marie Zotter

Lavendel

in seiner Vielfalt

ISBN 978-3-99025-302-1

Layout: freya_art, Christina Diwold
Lektorat: Dorothea Forster
Fotos: Marie Zotter, Peter Zotter, Franz Hirschbeck,
Klaus Wenzel, Rühlemann´s Kräuter und Duftpflanzen

weitere siehe Seite 120

printed in EU

Marie Zotter

Lavendel

in seiner Vielfalt

freya

Inhalt

Lavandula intermedia "Grosso",
Lavandinlavendel im steirischen Vulkanland.

Charme und Zauber des Lavendels

Keine andere Pflanze erinnert so sehr an die südliche Sonne und provenzalische Weite, ruft Fernweh und Urlaubsgefühle hervor wie der Lavendel. Infolgedessen wird diese Pflanze gerne auch in heimischen Gärten gepflanzt, um vom Charme der Provence mit ihrem mediterranen Flair ein Stück wiederzugeben. Aber auch der betörende Duft, der die Sinne verführt und zur Entspannung einlädt, verleiht dem Lavendel mittlerweile unglaubliche Beliebtheit.

Jeder Gartenliebhaber weiß über die faszinierende Wirkung des Lavendels Bescheid, wenn er seine Blüten entfaltet und zu Sommerträumen anregt. Auf das violett-blaue Farbspiel wartet so mancher sehnsüchtig, denn die verheißungsvollen Blüten kündigen nicht nur die wärmste Zeit des Jahres an, sondern laden auch die Seele zum Verweilen ein. So wundert es nicht, dass die Menschen oft beim Anblick des Lavendels in Verzückung geraten und er es geschafft hat, sich zu einer Art Lieblingspflanze zu entwickeln.

Der Lavendel zieht auch Bienen, Hummeln und Schmetterlinge an, die aufgrund ihrer Nützlichkeit heutzutage mehr denn je gefragt sind. Sie fliegen in Dutzenden um eine einzige Lavendelpflanze herum, sodass man sich gut vorstellen kann, was sich dann auf einem ganzen Lavendelfeld abspielen muss.

Machen wir uns auf den Weg, diese einmalige Pflanze ein wenig zu erkunden. Wissenswertes über Herkunft, Kultur und Pflege sowie viele Sortenbeschreibungen finden sich in diesem Buch, sodass sich der Lavendelfreund oder der, der es noch werden möchte, zum Pflanzen, Experimentieren und Verarbeiten aufgerufen fühlt. Der Verwendung von Lavendel sind mittlerweile kaum mehr Grenzen gesetzt. Die Pflanze ist nicht mehr aus den Bereichen Gesundheit, Kosmetik und Küche wegzudenken, weshalb im Buch reichlich Vorschläge für die eigene Umsetzung zu finden sind. Viele kreative Ideen rund um den

Lavendel lassen sich ohne besondere Schwierigkeiten verwirklichen, etwa um die Wohnumgebung zu verschönern und das Wohlbefinden zu steigern.

Ich möchte Sie einladen, sich von meiner Freude am Lavendel anstecken und von seiner Heilkraft überzeugen zu lassen.

Vor allem, und das ist das Schöne an der Arbeit mit Lavendel, ist man stets seiner beruhigenden Wirkung auf Körper, Geist und Seele ausgesetzt.

Lavendel im steirischen Vulkanland

Der Lavendel hat eine gewaltige Ausstrahlung und Anziehungskraft, derer man sich fast nicht entziehen kann. Eine Pflanze, die so wunderschön und vielseitig verwendbar ist, muss man einfach ins Herz schließen.

So ist es auch mir ergangen und ich habe mich mit dem Lavendel auf unterschiedliche Weise zu beschäftigen begonnen. Vermutlich mit einer gewissen Prise Verrücktheit gesegnet, begann ich mehrere tausend Lavendelpflanzen zu züchten und auszusetzen. Mein Ziel war die Öldestillation und dazu wird eine Menge an Material benötigt, um an das kostbare Endprodukt zu gelangen.

So bin ich nun schlicht von der Lavendelliebhaberin zur Lavendelbäuerin geworden. Mein Leben findet zwischen den Lavendelpflanzen auf dem Feld über die Erzeugung von Produkten bis zum Verkauf, vor allem auf regionalen Märkten, statt.

Im südoststeirischen Hügelland, das aufgrund seiner sanften Erhebungen diesen Namen erhalten hat und wegen seiner vulkanischen Vergangenheit auch Vulkanland genannt wird, wächst mein Lavendel.

Das Vulkanland zeichnet sich durch fruchtbare Erde und gutes Klima aus. Hier wächst alles, was es an Obst und Gemüse nur gibt. Prachtvolle Obst- und Weinhänge wechseln sich mit wundervollen Mischwäldern ab. Auch der steirische Kürbis, aus dem das wertvolle Kürbiskernöl gewonnen wird, ist hier beheimatet.

Als Höhepunkt thront majestätisch die Riegersburg über das Land, eine Burg, die nie von Feinden eingenommen wurde und noch heute mit ihrem stolzen Anblick viele Besucher von nah und fern anlockt.

Wir bestaunen hier Sonnenuntergänge nach getaner Arbeit bei einem Glas Wein, erzählen uns Geschichten aus Vorzeiten und von Vorfahren und erhalten damit die Weitergabe unserer Tradition am Leben. Wer je solch einen Abend miterlebt hat, wird wissen, warum wir unser Land so lieben. Es ist ein pulsierend heißes Land im Sommer und gemäßigt im Winter.

Unter dieser heißen Sonne wächst der Lavendel optimal und wird mit Hingabe von mir und meiner Familie bearbeitet.

Ich stamme aus einer Bauernfamilie, die aus vielen Generationen von Landwirten besteht. Meine Vorfahren sind schon über das Land geschritten, deren Ahnen haben dasselbe getan und heute reihe ich mich ebenfalls in die Sippschaft der Bauern ein. Sie haben unter härtesten Bedingungen gearbeitet und ich denke oft an sie, wenn der Lavendel bei allerhöchstem Sonnenstand händisch geerntet wird und dies oft an die Grenze der körperlichen Kräfte geht. Doch die Ernte muss heimgebracht werden und des Abends ist jeder, der daran beteiligt war, dankbar für den guten Tag, den guten Ertrag und die gute Zusammenarbeit. Dann haben wir uns wahrlich den Feierabend verdient.

Meine Begeisterung für das Vulkanland ist, ebenso wie die für den Lavendel, ungebrochen. Von tiefer Liebe ergriffen zu Land, Leuten und Lavendel, fühle ich mich glücklich angekommen im Leben. Ich bin von unglaublicher Dankbarkeit erfüllt, auf einem der schönsten Flecken der Erde leben und arbeiten zu dürfen.

Wer meint, dass ich übertreibe, sollte sich selbst davon überzeugen und auf den Weg ins Vulkanland machen ...

Der Lavendel in der Geschichte

Auf eine sehr lange und traditionsreiche Geschichte kann unsere Duftpflanze zurückblicken. Schon im alten Ägypten wurde Lavendel als Grabbeigabe verwendet und bei den Römern spielte er vor allem auch in der Badekultur eine große Rolle.

Lavendel (*Lavandula*) stammt von dem lateinischen Verb *lavare*, was *waschen* bedeutet. Deshalb verbindet man mit Lavendel schon seit jeher Frische, Reinheit und Sauberkeit.

Unzählige Geschichten aus der finsteren mittelalterlichen Pestzeit ranken sich um das Wunder- und Heilmittel Lavendel. Damals, als es für die Menschen ständig um Leben und Tod ging, erkannte man, dass Personen, die mit Lavendelöl in Berührung kamen, von der Pest weitgehend verschont blieben. Die antiseptische Wirkung des Öls entfaltete ihren Schutz und beugte Ansteckung vor.

In vielen alten Kräuterbüchern wurde der Lavendel aufgrund seiner desinfizierenden, aber auch beruhigenden Wirkung beschrieben. So wendete Hildegard von Bingen den Lavendel bei Lungen- und Leberkrankheiten sowie Unruhe und Nervosität mit Erfolg an. Noch heute gilt die kurmäßige Verwendung von Hildegards Lavendelwein als unterstützend für den reibungslosen Verlauf des Denkvermögens, er hilft bei Konzentrationsschwächen und Müdigkeitserscheinungen und kräftigt den Verstand.

Dem Lavendel wurde aber auch eine heilende Wirkung bei Zahnschmerzen oder erlahmten Händen und Füßen zugesprochen.

Wenn sich die Bauern mit ihren scharfen Sicheln bei der Lavendelernte Schnittwunden zufügten oder es zu Verbrennungen bei der Destillation kam, wurde das Lavendelöl bei den Verletzungen gleich an Ort und Stelle eingesetzt. Man stellte dabei fest, dass Wunden, die mit Lavendelöl behandelt wurden, fast zur Gänze narbenfrei verheilten.

Auch der Heilungseffekt in Form von Beruhigung der Psyche, der zur Schmerzminderung wesentlich beitrug, wurde erkannt.

Bei Zeckenbissen und Insektenstichen leistete das ätherische Öl ebenso ebenso seinen Beitrag und wurde auch gegen Kopfläuse verwendet. Vorbeugend als Wurmmittel sowie zur Linderung bei Gelenksschmerzen oder Krämpfen wurde es nicht minder gerne eingesetzt.

Das Lavendelöl fand seinen hauptsächlichen Gebrauch vorerst in der direkten Anwendung für Heilzwecke und als antiseptisches Reinigungsmittel. Später erst kam dann der Einsatz in der Aromatherapie hinzu.

In keinem mittelalterlichen Klostergarten durfte die Lavendelpflanze, die als Heilkraut oder Gewürzpflanze genutzt wurde, fehlen. Lavendel stand symbolträchtig im Christentum für Reinheit, wobei man die Pflanze der Unberührtheit der Jungfrau Maria zusprach.

Auch als hilfreiches Mittel zur Abwehr von Hexen und Teufel hatte die einfache Bevölkerung stets Lavendel zur Hand.

Sogar in königlichen Liebesgeschichten spielte der Lavendel eine entscheidende Rolle. Der Sonnenkönig Ludwig XIV. ließ seinen begehrten Damen Lavendelblüten überbringen. Und Napoleon und Josephine hatten ein spezielles Lieblingsparfüm, dass vorwiegend aus Lavendel, Citrus und Bergamotte bestand.

In alten Zeiten war die Pflanze ein wichtiges Erste-Hilfe-Mittel, das die Menschen dringend zur alltäglichen Anwendung brauchten. Aber auch heute ist Lavendelöl ein wichtiger Bestandteil der heimischen Hausapotheken.

Nach neuen wissenschaftlichen Berichten greift man auch bei Alzheimer Patienten wieder auf den Lavendel zurück, um den Krankheitsverlauf zu verzögern.

Herkunft und Verbreitung

Der Lavendel stammt vermutlich aus Persien (dem heutigen Iran). Von da breitete er sich auf den Mittelmeerländern wie Spanien, Italien, Südfrankreich, Griechenland und den Kanarischen Inseln aus. Lavendel kommt auch in Marokko und ebenso in Argentinien vor.

Wahrscheinlich brachten Mönche den Lavendel aus Italien über die Alpen. Schnell wurde er in unseren Bauerngärten zu einer Liebhaberpflanze.

Sehr bekannt sind die südfranzösischen Lavendelfelder, weniger hingegen die englische Lavendelkultur. Vermutlich wurde durch die Römer der Lavendel auf die Insel gebracht. Zumindest kann England heute ebenso wie Südfrankreich auf eine Lavendelkultivierung im großen Stil verweisen.

In Europa gilt der Lavendel heute als absolute Modepflanze. Seit wenigen Jahren erlebt er eine Renaissance großen Ausmaßes und wurde sogar zur Duftpflanze des Jahres 2016 gekürt. In Deutschland war der Lavendel schon 2008 Heilpflanze des Jahres.

Auch darf Lavendel in keiner Gärtnerei fehlen, da er sich zur Gartengrundausstattung von Gärten entwickelt hat. Gartengestalter legen großen Wert auf Lavendelbepflanzungen in größeren Anlagen, was sich mit der Tatsache deckt, dass seit einiger Zeit Kräuter und Nutzpflanzen in Gärten gegenüber reinem Blumenschmuck bevorzugt werden.

In unserer heutigen Fastfood-Generation scheint sich im Gegenzug eine Richtung zu entwickeln, welche den heimischen und regionalen Produkten bis hin zur Ernte aus dem eigenen Garten den Vorzug gibt.

Gerade hier hat der Lavendel auch einen unangefochtenen Platz. Er wird nicht nur als Gartendekoration verwendet, sondern auch in vielfältiger Weise verarbeitet.

Botanisches

Der Lavendel gehört zur Gattung der Familie der Lippenblütengewächse (*Lamiaceae*). Der botanische Name des *Echten* oder *Schmalblättrigen* Lavendels, *Lavandula angustifolia*, geht ebenso wie die deutsche Bezeichnung auf das lateinische Wort für waschen (*lavare*) zurück.

» Bei der **Pflanze** handelt es sich um einen kleinen Halbstrauch von ca. 10–60 cm Höhe. Der Strauch besitzt aufrechte, stark verzweigte Äste, die kleine Kurztriebe haben.

» Die **Blütenstände**, die nur unten beblättert sind, setzen sich aus Scheinquirlen mit jeweils 6–10 Blüten zusammen. Die violette Blütenkrone wird ca. 1 cm lang, ist innen drüsig flaumig, außen weißfilzig und verströmt einen angenehmen Duft.

» Die **Blütezeit** des Lavendels liegt zwischen Juli und August.

» Der Lavendel hat folgende **Inhaltsstoffe**: Borneol, Carcacrol, Thymol und Linalool; Letzterer ist bekannt für seine antiseptische Wirkung. Die getrockneten Lavendelblüten enthalten etwa 12 % Gerbstoff sowie bis zu 3 % ätherisches Öl (*Oleum lavandulae*). Hauptbestandteil des ätherischen Öles sind Linalylacetat und Linalool, auch Cumarin ist enthalten.

Lavendel im Anbau

BODENQUALITÄT UND KULTIVIERUNG

Die Lavendelkultivierung gilt als sehr einfach, wenn der passende Boden vorhanden ist.

Auf sehr schweren, nassen Böden und schattigen Plätzen wird der Lavendel nicht gut gedeihen. Die Pflanze wird krank und kümmerlich, stellt das Wachstum ein und stirbt bald ab. Deshalb sollte man dem Lavendel von vornherein die richtige Lage im Garten zusprechen. Er wird es mit prächtigem Wuchs und wunderschönen Blüten danken.

Der Lavendel bevorzugt einen durchlässigen, trockenen Standort. Auch bei Kübelpflanzen, die auf Balkonen, Terrassen oder Fensterbänken einen Platz finden, sollte man daran denken, dass der Lavendel keine Staunässe verträgt und es lieber trocken mag.

Die Erde sollte zudem auf keinen Fall zu sauer, sondern leicht alkalisch mit einem pH-Wert von 6,5–8,3 sein, was auch das Ausbringen von Magnesiumkalk notwendig machen kann. Lavendel braucht einen kalkreichen, sandigen bis steinig-kiesigen Boden.

Der Standort sollte zudem luftig und sonnig sein. Lavendel ist eine absolute Sonnenpflanze, die aber keine zu hohe Luftfeuchtigkeit verträgt, da sie dann von Pilzkrankheiten heimgesucht wird.

Auf keinen Fall sollten Lavendelpflanzen mit Rindenmulch abgedeckt werden, da die Erde zu sauer wird und die Pflanzen schnell kränkeln.

Kieselsteine um Lavendelpflanzen aufbringen ist momentan gartengestaltungstechnisch sehr beliebt und auch geeignet, aber als absoluter Geheimtipp gilt das Mulchen mit weißem Sand, denn dadurch bringt die Pflanze die höchste Anzahl von Blüten hervor.

VERMEHRUNG

Lavendel wird je nach Sorte entweder mittels Samen oder Stecklingen vermehrt. Die fertigen Pflanzen findet man in Gärtnereien, wo sie mittlerweile in verschiedensten Sorten und Mengen angeboten werden und im selben Jahr noch ihre Blüten entfalten.

Ich selbst vermehre jährlich Tausende Stecklinge selbst. Erstens sind die Pflanzen schon hier aufgewachsen und klimatisiert, das heißt, sie haben sich an die Umgebung gewöhnt, und außerdem macht es auch Freude, den Jungpflanzen beim Aufwachsen zuzusehen.

Allerdings muss man auf regelmäßige Bewässerung achten. Jungpflanzen brauchen besondere Aufmerksamkeit und auf das Gießen zu vergessen geht hier gar nicht. Wer die Vermehrung auf sich nimmt, sollte vorerst keinen Urlaub einplanen.

Da für mich nur eine absolut biologische Pflanzenaufzucht in Frage kommt, arbeite ich grundsätzlich nur mit EM. Dabei handelt es sich um Effektive Mikroorganismen (EM), die zu gesundem Pflanzenwachstum und anregenden Bodenlebewesen verhelfen. Auch später am Feld kommen nur EM in Frage. Dabei handelt es sich um eine Bodenverbesserung mit lebenden Mikroorganismen, wodurch gesunde Pflanzen hervorgebracht werden und dadurch eine hohe Qualität der Ernte erzielt wird.

Die Ausbringung von EM erfordert ein Fingerspitzengefühl, denn sie darf nicht bei Sonnenlicht angewandt werden, da die Pflanzen, ob noch ganz klein in der Vermehrung oder dann ausgepflanzt am Feld, verbrennen würden. Dieselbe Achtsamkeit besteht bei den Biogärtnern und -bauern auch im Umgang mit Brennnesseljauche. Ein hervorragendes Mittel, das aber in zu hoher Konzentration angewandt auch Schaden anrichten kann.

Man benötigt zur Vermehrung:

- EM (flüssig)
- EM-Keramikpulver
- Mutterpflanzentrieb (Zweig von einer Lavendelsorte, die man vermehren möchte)
- Erde-Sandgemisch
- Pflanzschere, Tontöpfe, Gießkanne

Arbeitsschritte:

Töpfe mit Erde und Sandgemisch befüllen. Für den Steckling sind die weichen Spitzenteile ungeeignet. Ein 2–3 cm langer Teil wird vom Zweig geschnitten, in die vorbereiteten EM und dann in das EM-Keramikpulver getaucht. Dies hilft der Pflanze beim Anwachsen und stärkt sie schon von klein auf. Der Vorgang muss aber rasch erfolgen. Die Stecklinge können nicht zu Hauf vorgeschnitten und dann erst gesteckt werden, denn sie würden auch nur innerhalb sehr kurzer Zeit vertrocknen. Ist der Steckling in der Erde, muss er rasch gegossen werden, denn auch hier setzt die Austrocknung der Minipflanze, die erst anwurzeln muss, sehr schnell ein.

1 Pflanzgefäße vorbereiten und mit Erde füllen. **2** Steckling aus dem Muttertrieb schneiden. **3** Steckling kürzen. **4** Rasch in flüssige EM tauchen, danach in EM-Keramikpulver **5** In den vorbereiteten Topf stecken. Der Steckling muss fest verankert in der Erde stecken. **6** Zum Schluss werden die Stecklinge eingegossen und aus der prallen Sonne gestellt. In der Anwachsphase brauchen sie besondere Pflege.

Von der Pflanze zum Feld

Für die Stecklinge von Lavendel empfiehlt sich unbedingt ein Gewächshaus. Lavendel liebt von klein auf die Wärme. Allerdings ist Achtsamkeit bezüglich der Luftfeuchtigkeit geboten. Ist diese ständig zu hoch, werden die Stecklinge Pilzinfektionen abbekommen. Ebenso ungesund für Lavendelstecklinge ist Staunässe. Deshalb muss man die Pflege für die kleinen Lavendelstecklinge sehr genau überwachen, für Lüftung und genug Wasser sorgen, sie aber auch wieder abtrocknen lassen, damit sie in einem für sie geeigneten Klima gedeihen können.

1 Lavendelstecklinge im Gewächshaus. **2** Steckling ca. 2 Monate alt, erster Austrieb ist sichtbar. **3** Kurz vor dem Auspflanzen: Die Stecklinge werden umgetopft und ans Freiland gewöhnt. Hier sind sie 6 Monate alt. **4** Der Steckling ist mittlerweile eine Jungpflanze. **5** Auspflanzung aufs Feld, Lavendelpflanze, ein Jahr alt. **6** Pflanze im zweiten Jahr.

Kräftiger und gesunder Wuchs

SCHNITT

Da der Lavendel ohne Schnitt zu verholzen beginnt und auch die Blühwirkung nachlässt, kommt man um einen kräftigen Schnitt, der wesentlich zur Verjüngung der Pflanze beiträgt, nicht herum. Im Frühjahr, nachdem der Frost keinen Schaden mehr anrichten kann, reicht ein Formschnitt, um das Wachstum neu anzuregen.

Im Sommer nach der Blüte sollte ein forscher Rückschnitt erfolgen, um nochmals eine Blüteperiode anzuregen. Die Grundregel besagt, dass im Frühjahr ein Drittel und im Sommer zwei Drittel geschnitten werden.

Wichtig beim Schnitt ist allerdings, dass man nicht zu sehr in totes Holz schneidet. Der Schnitt sollte noch immer an ausgetriebenen Zweigen angesetzt sein. Dies ist vor allem im Frühjahr zu bedenken, wo sich der Austrieb erst abzuzeichnen beginnt und man gezwungen ist, sehr genau hinzuschauen. Denn sonst könnte der schlimmste aller Fälle eintreten, der Lavendel nicht mehr austreiben und somit absterben.

Oft sieht man gerade in alten Bauerngärten wundervolle, riesige Lavendelpflanzen, die eben durch keinen oder wenig Rückschnitt derart groß wurden. Die Pflanze ist von unten herauf verholzt und blüht nur oben. Mit einigen Begleitpflanzen wie Ringelblumen, Rosen oder auch Rosmarin sind diese urwüchsigen Lavendelpflanzen ganz wunderschön zu betrachten und haben auch ihre Berechtigung. Ein zu radikaler Schnitt würde sie abtöten, also kann man sie nur weiterwachsen lassen, den kahlen Untergrund mit Pflanzennachbarn versehen und die verwilderte Lavendelurform genießen.

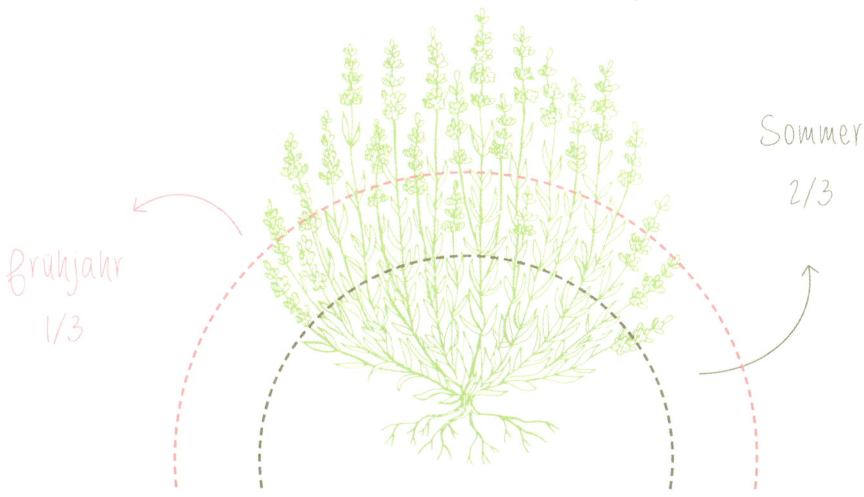

KULTURPFLEGE

Lavendel wächst zwar von alleine, wenn die Bodenverhältnisse passen, doch benötigt die Pflanze zusätzlich zum Schnitt noch eine Kulturpflege. Die besteht aus dem Freihalten von Unkraut zwischen den Pflanzen. Da wir keine offenen Böden wie in Frankreich bei uns vorfinden, sondern ganz im Gegenteil meist starker Grasbewuchs vorherrscht, sind bei unseren angelegten Feldern die Pflanzen anders ausgebracht. Wir haben zwischen den Reihen die Grasflächen und halten nur die Pflanzenreihen unkrautfrei. Das allein ist schon ein zeitlich hoher und auch kräftezehrender Aufwand, der aber bewerkstelligt werden muss.

Die Lavendelpflanzen werden auch auf dem Feld mit biologischen EM behandelt. Dadurch kommt es zu starkem Wuchs und hohem Blütenanteil. Wir haben auffallend kräftige, gesunde Pflanzen und sind sehr zufrieden mit der Ernte.

Lavendelsorten

Die Gattung der Lavendelpflanzen umfasst an die 20 verschiedene, momentan im Handel erhältliche Arten. Allerdings ist die Nachfrage nach Lavendel derart groß, dass fleißig weitergezüchtet wird. Nicht nur der Endkunde, der seinen Lavendel vom Gärtner holt, profitiert davon, sondern auch ein ganzer Wirtschaftszweig der Kosmetikindustrie, der sich auf die Ölgewinnung aus Lavendel spezialisiert hat. Allerdings dauert es Jahre, bis eine neue Sorte auf dem Markt erscheint, da sie vorher hinreichend geprüft wird, um die Anforderungen der Kunden auch zu erfüllen.

DIE GÄNGIGSTEN LAVENDELSORTEN FÜR DEN GARTEN

Hauptsächlich unterscheidet man zwischen den *Angustifolia-* und den *Intermedia*-Arten. Zu diesen sehr bekannten Arten zählt der *Echte Lavendel* (*Lavandula angustifolia*). Da die Angustifolia-Sorten die höchste Heilwirkung aufweisen, sollte gerade diese Pflanze in keinem Kräutergarten fehlen. Unter ihnen gibt es die klassischen schönen Sorten mit wunderbaren blauen Blüten zu finden, die an ihre alte Heimat in der Provence erinnern. Wer sich für den *Lavandula angustifolia* interessiert, kann mit verschiedenen Sorten experimentieren, denn hier gibt es mittlerweile eine große Auswahl an wunderbaren althergebrachten, aber auch neuen Züchtungen, die den Lavendelliebhaber sehr erfreuen werden.

Die gängige Lavandin-Sorte, der sogenannte *Provence-Lavendel* (*Lavandula x intermedia*) ist eine Kreuzung aus dem *Echten Lavendel* (*Lavandula angustifolia*) und dem *Speicklavendel* (*Lavandula latifolia*), der zufällig in der Natur entstanden ist. Es handelt sich um eine Hybride, die dem wilden Lavendel der Hochlagen und dem Speicklavendel aus den niederen Tälern entsprossen ist. Der Lavandin-Lavendel gilt mittlerweile als der am meisten angebaute Lavendel, der die Anforderungen an die Ölherstellung mengenmäßig abdecken soll. Denn hier zeigt sich der klare und deutliche Unterschied zum Angustifolia-Lavendel. Der Lavandin hat zwar eine geringere Heilwirkung, dafür gibt er eine deutlich höhere Ölausbeute her. Das Lavandinöl wird auch gerne als Wohlfühlöl bezeichnet. Denn trotz geringerer heilsamer Inhaltsstoffe wirkt es äußerst entspannend auf das Gemüt.

Oft wird die Qualität des Lavandin-Lavendels sehr zu Unrecht als minderwertig geringgeschätzt. Das ist genauer zu betrachten. So wird in der Waschmittelindustrie eine riesige Menge an Lavendelöl benötigt, die ohne Lavandinöl nicht produzierbar wäre. Dank ihm muss nicht immer das teure und in geringeren Mengen produzierbare Angustifoliaöl zum Einsatz kommen. Immerhin handelt es sich auch beim Lavandinöl um echt hergestelltes Lavendelöl, das sehr wohl seine Wirkung entfaltet, wenn auch in geringerem Ausmaß. Gar keine Wirkung hingegen hat synthetisch hergestelltes Öl, das bloß nach Lavendel duftet, sich aber ansonsten als nutzlos erweist. Vorsicht beim Kauf von solchen Ölen ist allemal geboten!

Wunderschöne Lavandinsorten sind im Angebot erhältlich. Schon alleine der verlockende Name *Provence-Lavendel*, unter dem diese Sorten oft geführt werden, verrät einiges. Gerne wird der Lavandin-Lavendel mit flächendeckenden Lavendelfeldern in Verbindung gebracht. Und tatsächlich gibt es hier auch einige schöne Heckensorten zu finden, mit denen sich auf natürliche Art und Weise das Flair eines provenzalischen Lavendelfeldes in einen Garten zaubern lässt.

Weiters zählen zu den speziellen Sorten der *Schopflavendel* (*Lavandula stoechas*) und der *Speicklavendel* (*Lavandula latifolia*). Der Speicklavendel hat eine etwas differente Wirkung, denn ihm fehlen die beruhigenden Inhaltsstoffe. Er wirkt anregend und hat einen klärenden, erfrischenden Effekt auf den Geist.

Außerdem gibt es unter den unzähligen Liebhabersorten noch den französischen *Zahnlavendel* (*Lavandula dentata*), den *Oregano-Lavendel* (*Lavandula multifida*) und den *Wolllavendel* oder *Silberblattlavendel* (*Lavandula lanata*).

1 Lavendel „Hidcote Blue“

Art: *Lavandula angustifolia*

Hidcote Blue gehört sicher zu den ältesten und beliebtesten Lavendelarten aufgrund seiner wunderschönen, außergewöhnlich dunklen Blütenfarbe. Er ist der Lavendelklassiker schlechthin, von dem man gar nicht genug haben kann. Er wurde schon um 1900 in englischen Gärten gepflanzt. Auf jeden Fall sollte *Hidcote* für die Hausapotheke verwendet werden, auch zum Trocknen eignet sich die Sorte gut. Und dann möchte man im Garten die Pracht auch noch genießen und den schönen Lavendel stehen lassen. Also viel, viel davon pflanzen!

2 Lavendel „Dwarf Blue“

Art: *Lavandula angustifolia*

Niedriger Wuchs mit hohen Blütenstängeln. Eignet sich sehr gut als Einfassung von Rabatten und für kleine Lavendelhecken. Gilt auch als altbewährte Sorte, die schon um 1911 in den Gärten kultiviert wurde und sich bis heute als klassische Sorte bewährt hat. Der kompakte Wuchs sorgt für die dichte Lavendelblüte, die besonders schön bei mehreren Pflanzen nebeneinander zur Geltung kommt. Sehr empfehlenswerte Sorte.

3 Lavendel „Maillette“

Art: *Lavandula angustifolia*

Diese Sorte gilt als eine der wichtigsten in der Herstellung von Lavendelöl, da sie sehr ertragreich und von absolut hervorragender Qualität ist. *Maillette* hat auffallend schöne, lange Blütenstiele und gehört zu den blütenreichsten Sorten überhaupt. Deshalb schätze ich persönlich diese Sorte sehr, da sie mir auch von großem Nutzen für die Ölgewinnung ist. Für mich persönlich hat Maillette außerdem einen einzigartigen feinen Duft, der an ein elegantes, leichtes Blumenbouquet erinnert.

© Klaus Wenzel

© Rühlemann's Kräuter und Duftpflanzen

© Shutterstock, Trong Nguyen

4 Lavendel „Miss Katherine“

Art: *Lavandula angustifolia*

Außergewöhnlich rosa blühende Sorte, die fast schon ins Pinke wechselt. Das Problem mit den rosa blühenden Lavendelsorten ist die Blässe der Blüte, die dann meist nicht so gut zur Geltung kommt. Nicht so Miss Katherine. Sie erfreut den Lavendelliebhaber mit kräftiger Farbe und großer Blüte.

5 Lavendel „Réve de Jean-Claude“

Art: *Lavandula angustifolia*

Neue Sorte mit herrlichem Duft. Die Blütenfarbe ist mit einer leichten Pastellnuance eher im hellen Bereich von violett angesiedelt. Von Rühlemanns Kräuterspezialisten so beschrieben, wie man es besser nicht mehr auf den Punkt bringen kann: „*Der ausgewogen feine Duft befindet sich irgendwo zwischen süßer Nostalgie und aristokratischer Nonchalance.*“

Tatsächlich ein Duftgenuss, der einem wahrhaft die Sinne raubt und weswegen man die Pflanze einfach kultivieren muss!

6 Lavendel „Grosso“

Art: *Lavandula x intermedia*

Die inzwischen berühmte Sorte wurde nach Pierre Grosso benannt, der sie 1972 entdeckte und damit den Ertrag der Ölherstellung revolutionierte. Denn bis dahin machten Pilzkrankheiten den französischen Lavendelbauern schwer zu schaffen. Da kam *Grosso* gerade recht auf den Markt und ist bis heute nicht mehr wegzudenken. *Grosso* hat besonders große Blütenähren und ist mein erster Liebling, den ich destillierte und der mir seine Lavendelseele offenbarte. Unglaublich tolles Dufterlebnis!

7 Lavendel „Dutch“

Art: *Lavandula x intermedia*

Eine der beliebtesten Sorten in Frankreich. Wunderschönes, helles Blattwerk lässt diesen Lavendel außergewöhnlich intensiv wirken. Sehr lange Stiele, die ideal für die Vase zu nutzen sind.

Aber auch beim Trocknen kommt sein lieblicher Lavendelduft zur Geltung. *Dutch* gehört zu den großwüchsigen Sorten, was beim Anpflanzen bedacht werden sollte. Wunderschöne Pflanze, deren Blätter einen türkisen Schimmer aufweisen.

8 Lavendel „Sumian“

Art: *Lavendula x intermedia*

Eine schöne Lavandinsorte, die sich durch dicke Blütenköpfe auszeichnet. Wird deshalb zur Ölgewinnung angebaut, hat aber durch die Blütengröße auch im Garten seine Berechtigung. Schöne, stark wachsende Pflanze mit lavendelblauer Blüte. *Sumian* ist für mich auch zu Destillationszwecken bestens geeignet. Ergibt eine gute Ölausbeute und, was wichtig ist, eine extrem hohe Qualität. Deshalb ist er auch in der Provence sehr populär.

9 Speicklavendel

Art: *Lavandula latifolia*

Sehr aromatisch, kampferduftend und reich an Ölausbeute. Durch den hohen Kampferanteil hat der Speicklavendel einen besonders kräftigen Geruch, der ihn auszeichnet. Seine Blütezeit findet etwas später als gewöhnlich, im August, statt.

Speicklavendel erfreut sich neuerdings größerer Verbreitung und das zu Recht. Eine Pflanze, die in keinem Heilgarten fehlen darf.

© Shutterstock, S1001

© Klaus Wenzel

© Rühlemann's Kräuter und Duftpflanzen

10 Zahnlavendel

Art: *Lavendula dentata*

Die Pflanze ist eine typische Kübelpflanze, da sie nicht frosthart ist. Ein starkes harziges Aroma zeichnet den Zahnlavendel aus. Wunderschöne zahnförmige Blätter heben die Pflanze aus allen anderen Lavendelarten hervor.

11 Schopflavendel

Art: *Lavandula stoechas*

Leider ist der Schopflavendel bei uns nicht winterhart, aber in Töpfen, kultiviert bei idealen Bedingungen, die in diesem Fall in einer sauren Erde zu finden sind, kann er problemlos überwintern. Ein einzigartiges zimtiges Aroma, das seine Süße in einem Tee vollkommen entfaltet, weist diese Art auf. Der süßeste Geschmack entwickelt sich allerdings bei kühlem Wetter. Eine echte Liebhaberpflanze!

12 Schopflavendel „Papillon"

(auch: Schmetterlingslavendel)

Art: *Lavandula stoechas*

Der inzwischen sehr bekannte Schmetterlingslavendel hat auf Balkonen und Terrassen, in Töpfe und Kübeln gepflanzt, Einzug gehalten. Eine wunderbare Topfpflanze, die an sehr geschützten Plätzen auch überwintern kann. Im Gegensatz zum tatsächlichen Schopflavendel hat der Schmetterlingslavendel kein zimtiges Aroma.

Mit seinen Schmetterlingsblüten ist er besonders schön anzuschauen. Erst recht, wenn dann tatsächlich Schmetterlinge auf seinen Blüten Platz nehmen.

13 Oreganolavendel

Art: *Lavandula multifida*

Der würzige Oreganoduft macht diesen Lavendel aus. Er kann natürlich auch als Gewürz verwendet werden. Wunderschöne farnartige Blätter machen die Pflanze zu einer Rarität.

Für den Feinschmecker unter den Gärtnern!

14 Wolllavendel

Art: *Lavandula lanata*

Viele kleine Haare bedecken die Pflanze, was zu deren wolligem Aussehen führt. Der Wolllavendel ist besonders wegen seines Silberlaubes sehr beliebt. Allerdings wird er ohne ausreichenden Frostschutz nicht überleben. Als Kübel- oder Topfpflanze stellt er jedoch kein Problem dar. Besonders der rustikale Charakter zeichnet den Wolllavendel aus.

13

© Shutterstock, Daniel Fung

14

© Rühlemann's Kräuter und Duftpflanzen

Lavendelernte, Erstversorgung und Lagerung

Der beste Erntezeitpunkt ist um Mittag, denn gerade dann enthalten die Pflanzen die meisten ätherischen Öle, die für sämtliche Verwendungszwecke eine große Rolle spielen. Je nach Größe und Menge der Pflanzen sollte man sich mit Sonnenhut, Gartenschere und Körben ausgestattet in der Mittagshitze zur Ernte aufmachen.

Das geerntete Material unmittelbar nach dem Ernten mit dem Trocknungsprozess, weshalb man im Vorfeld wissen sollte, wo die Lagerung erfolgt.

Wer die Blüten für anderes verwenden und vorerst trocknen möchte, braucht die Pflanzen einfach kopfüber aufzuhängen. Das verleiht zugleich der Wohnumgebung eine positive Stimmung, hervorgerufen durch den wunderbaren Trocknungsduft des Lavendels. Dieser hat übrigens auch eine spürbar beruhigende Wirkung auf Haustiere und Kinder.

Für eine Weiterverarbeitung, die vielleicht erst im Winter stattfindet, die Blüten von den Stielen trennen. Wer will, kann die Blüten abrebeln. Dann bleibt das feine Blütenmaterial übrig, das z. B. als Tee eine besondere Wirkkraft entfaltet. Aber auch für Lavendelsäckchen werden nur reine Blüten verwendet.

Für große Mengen wird der Lavendel ohnehin gesiebt, sodass nur pure Blüten sortenrein und luftdicht abgepackt werden. Die Blüten dürfen nicht mit Feuchtigkeit in Verbindung gebracht werden, denn dann befällt sie Schimmel und sie sind unbrauchbar. Deshalb ist eine trockene und dunkle Lagerung wichtig.

1 Handernte am Feld. **2** Die schnellste Erntemöglichkeit erfolgt nach wie vor mit Scheren. Rascher Schnitt, da das Erntefenster zeitlich begrenzt ist. **3** Sammeln der Bündel. **4** Zügige „Ernteeinbringung“: Lavendel beginnt rasch zu trocknen, muss also schnellstmöglich auf den Trocknungsplatz, um das bestmögliche Ergebnis für die Verarbeitung zu ermöglichen.

Luftige Trocknung an einem dafür vorgesehenen Ort

Kostbare Ölgewinnung

Der Lavendel entfaltet oft seinen Duft, in ein Säckchen gefüllt, im Wäscheschrank und erfüllt so seinen Zweck als Mottenschreck. Doch der wirklich hochkonzentrierte Duft mit seiner wahrhaft berauschenden Wirkung findet sich nur im Lavendelöl.

Mazeration

Die älteste Art der Ölgewinnung ist die Mazeration. Dabei werden in einem geruchlosen Trägeröl Lavendelblüten eingelegt. Der Lavendel muss sauber und darf nicht frisch geerntet sein, also mindestens angetrocknetes Material zu diesem Zweck verwenden. Am besten besorgt man sich ein hochwertiges Öl wie zum Beispiel Jojobaöl. Die Lavendelblüten werden hineingelegt, an die Sonne gestellt und das Glas mehrmals am Tag geschüttelt, um einer Schimmelbildung vorzubeugen. Das beste Mazerat ergibt sich, wenn man das Öl immer wieder abseiht und mit neuem, frischem Material versorgt. Nach ein, zwei Wochen hat man ein Mazerat von guter Qualität. Auch wenn dieses Mazerat eine doch recht brauchbare Lösung darstellt, so wird es niemals an destilliertes Öl heranreichen. Hier gibt es leider wirklich gravierende Unterschiede, und zwar im Geruch wie in der Heilwirkung.

In das Mazerat wird Lavendel eingelegt und so versucht, die Stoffe herauszufiltern, was leider nur sehr schwach möglich ist.

Destillation

Bei der Destillation wird das Öl direkt aus dem Lavendel gewonnen. Der Lavendel stellt beim Destilliervorgang all seine Inhaltsstoffe zur Verfügung. Deshalb das hervorragende Ergebnis!

Das mittels Destilliervorgang hergestellte Öl überzeugt vor allem auch durch den intensiven Geruch, der über Jahre hinweg erhalten bleibt. Bis jetzt gibt es noch keine vergleichbaren Herstellungsverfahren für echtes Öl.

Wie man sich vorstellen kann, ist das Destillieren von Lavendelöl ein äußerst aufwendiges Verfahren. Die Öldestillation hat eine lange Tradition, die die provenzalischen Bauern für sich entdeckten. Dort wurde direkt im Freien destilliert. Damals, als der Lavendel noch in höher gelegenen Lagen wuchs, wurde das Material auch an derselben Stelle zu Öl verarbeitet. Zu aufwendig wäre der Transport des geschnittenen Lavendels ins Tal gewesen, also wurde an Ort und Stelle destilliert, um anschließend die Ölflaschen leichter befördern zu können. Doch auch später, als der Lavandin auf den französischen Lavendelfeldern angepflanzt wurde, destillierte man auf den Höfen draußen im Freien. Dieser romantisch anmutende Gedanke hat auch mich dazu bewegt, soweit es möglich ist, im Freien diese Arbeit zu tun. Das Destillieren von Lavendel in geschlossenen Räumen und großen Mengen kann tatsächlich zu Müdigkeit führen.

Wer sich in der Kräuterkunde mit den Heilkräutern beschäftigt, wird wahrscheinlich irgendwann dem Bann des alchimistischen Destilliervorgangs erliegen. Es ist ein unbeschreibliches Gefühl, Zeuge dieser Prozedur zu sein, wenn das Pflanzenmaterial durch das Erhitzen der Destille in Öl und Hydrolat aufgespalten wird. Bevor der erste Tropfen Öl durch den Abfluss rinnt, strömt der unglaubliche Duft des Lavendels hervor. Darin präsentiert der Lavendel seine Qualität, enthüllt seine Essenz und zeigt seine Pflanzenseele.

In der Destille erfolgt der Vorgang der höchsten Veredelung der Pflanze, was den Beobachter ehrfürchtig erschaudern lässt. Jahrhundertelange Destilliertradition, meist verbunden mit einer aufrichtigen Bewunderung des Lavendels, findet in diesem andachtsvollen Vorgang seinen Höhepunkt. Natürlich setzt die erfolgreiche Destillation auch eine aufopfernde Pflege, gutes Wetter zum Gedeihen und schlussendlich eine ertragreiche Ernte voraus. Wer das Gedeihen der Pflanze das ganze Jahr über sorgsam begleitet, weiß auch das Endprodukt, nämlich jeden Tropfen Öl, sehr zu schätzen.

Für die Gewinnung von Lavendelöl eignet sich die Wasserdampfdestillation. In der Destille, einem vorwiegend aus Kupfer bestehenden Gefäß, wird durch Erhitzen heißer Dampf durch das Pflanzenmaterial geleitet. Nach dem Abkühlen des Dampfes erhält man das Öl und ebenso das Hydrolat oder Pflanzenwasser.

Lavendel wird nach der Ernte, die erst mit dem leichten Verblühen der Pflanzen beginnt, an einem sehr gut gelüfteten Ort, aber nicht an der Sonne, getrocknet. Das beste Ergebnis aus der Destille gewinnt man von der reinen Blüte. Das bedeutet aber auch, das Pflanzenmaterial so gut vorzubereiten und von den Stängeln zu befreien, dass nur die Blüten übrig bleiben.

In der Wasserdampfdestille werden der Kessel mit Wasser und der Aromakorb mit Pflanzenmaterial gefüllt und anschließend erhitzt. Durch das Erhitzen entsteht Wasserdampf, der nach oben drängt und das Pflanzenmaterial durchdringt. Dabei filtert er die ätherischen Öle aus der Pflanze, die im oberen Teil der Destille abkühlen und durch ein Dampfrohr in einen Auffangbehälter geleitet werden. Das Ergebnis besteht aus den weitestgehend wasserlöslichen Stoffen der Pflanze, die vom Wasserdampf mitgerissen wurden, nämlich dem Hydrolat, und den in der Ausbeute geringeren fettlöslichen Wirkstoffen, dem Öl. Das bedeutet, dass bei einem Destillationsvorgang bedeutend mehr Hydrolat als Öl entsteht. Letzteres schwimmt auf der Oberfläche des Hydrolats. Mittels einer Pipette werden die beiden Substanzen voneinander getrennt.

Deshalb benötigt man zur Ölherstellung auch diese großen Mengen an Pflanzenmaterial, sprich Blüten, um eine ausreichende Menge an Öl zu gewinnen.

Bei kleinen Destillen schwimmen oft nur ein paar Tropfen Öl auf dem Hydrolat, die sich in der geringen Menge nur sehr schwer pipettieren lassen.

Das Destillieren entpuppt sich als Wissensgebiet, dem fast keine Grenzen gesetzt sind. Ständig kommen neue Destillen auf den Markt und auch der Vorgang selbst ist von Mal zu Mal verschieden. Das Erntematerial, das jedes Mal unter unterschiedlichen Bedingungen wächst, beispielsweise in einem verregneten Sommer, ist auch ausschlaggebend für die Qualität des Öls.

Es versteht sich auch von selbst, dass das Lavendelöl einen entsprechenden Preis hat, wenn es sich um eine hervorragende Qualität handelt. Der Weg von der Arbeit am Feld bis hin zum Destillieren benötigt viele Arbeitsschritte, die oft große Ausdauer und Geduld voraussetzen, um ein gutes Ergebnis zu erzielen.

Vielfache Verwendung von Lavendelöl

Aus den Hausapotheken ist es nicht mehr wegzudenken und als das bekannteste Kräuteröl steht das Lavendelöl an der Spitze der Beliebtheitsskala. Frauen können das Öl schon in der Schwangerschaft verwenden und dann bei den Kleinkindern einsetzen. So begleitet es uns ein ganzes Leben lang nicht nur bei den alltäglichen Beschwerden und Verletzungen, sondern stellt auch einen wichtigen Teil in der Wohlfühltherapie dar. Egal ob als Raumduft oder bei einer entspannenden Massage, Lavendelöl kommt oft zum Einsatz.

Möglichkeiten zur Verwendung von Lavendelöl:

» **Wundbehandlung:** Hier ist das Lavendelöl hervorragend geeignet. Vor allem bei frischen Wunden wie Schnitten direkt auf die Verletzung geben.

» **Verbrennungen:** Bei Brandwunden hilft reines Lavendelöl sofort. Lindert den Schmerz und hat eine beruhigende Wirkung.

» **Sonnenbrand:** Auch nach einem ausgiebigen Sonnenbad oder sogar bei einem Sonnenbrand leistet das Lavendelöl rasch erste Hilfe.

» **Insektenstiche:** Lindert Juckreiz und Schmerz. Lavendelöl sollte immer griffbereit sein.

» **Blähungen:** Bauch mit Lavendelöl einreiben und die wohltuende Wirkung genießen.

» **Verspannungen:** Hervorragende Wirkung als Massageöl, da es die Muskeln lockert und den Geist entspannt. Einmassieren des Nackens mit Lavendelöl bringt sofort entspannende Wirkung.

» **Kopfschmerzen:** Wenige Tropfen Lavendelöl in die Schläfen oder auf der Stirn einmassieren vertreibt Kopfweh und hilft auch bei Migräne.

» **Halsschmerzen:** Einen Teelöffel Honig mit 2 Tropfen Lavendelöl vermengt einnehmen.

» **Gelenksschmerzen, Krämpfe:** Die betroffenen Stellen mit Lavendelöl massieren.

» **Haarausfall:** Einige Tropfen Lavendelöl in die Kopfhaut einmassieren. Der Haarwuchs wird dadurch angeregt.

» **Schuppen:** Lavendelöl in die Kopfhaut einmassieren, befreit garantiert von Schuppen und Juckreiz.

» **Läuse:** Auch hier hilft das Einmassieren von Lavendelöl in die Kopfhaut. Die antivirale Wirkung verhindert weiteres Einnisten von Läusen.

» **Wurmmittel:** Uraltes Mittel, mit dem man heute noch Darmparasiten bekämpft oder das man schon vorbeugend einnimmt. Kurmäßig wird 3 Tage lang ein Würfelzucker mit 2 Tropfen Lavendelöl genommen.

» **Insektenabwehr:** Um Mücken und Gelsen sowie andere Insekten abzuwehren, helfen ein paar Tropfen Lavendel auf die Haut aufgetragen. Insekten verabscheuen den desinfizierenden Lavendelgeruch und bleiben somit fern.

» **Husten:** Soforthilfe leistet hier eine Inhalation. Für eine trockene Inhalation träufelt man 5–7 Tropfen Lavendelöl auf ein Tuch und atmet es mehrere Male ein. Bei einer Wasserdampfinhalation reichen 3–4 Tropfen Lavendelöl, die man in eine Schüssel mit heißem Wasser gibt. Mit fest geschlossenen Augen oder einer Augenmaske tief durchatmen. **Lavendelöl darf nicht mit den Augen in Berührung kommen!**

» **Dehnungsstreifen:** Einmassieren mit Lavendelöl hilft Dehnungsstreifen zu verringern.

» **Depression:** Kapseln mit hochwertigem Lavendelöl helfen bei Angstzuständen und Depressionen. Lavendelölkapseln gibt es in Apotheken zu kaufen.

» **Einschlafstörungen/Schlaflosigkeit:** Schläfen mit Lavendelöl einmassieren. Auch ein Lavendelbad wirkt einschlaffördernd.

» **Erschöpfung:** Ein Lavendelbad leistet gute Dienste, dazu ein paar Tropfen Lavendelöl ins heiße Badewasser geben und darauf achten, dass die Badezeit von 20 Minuten nicht überschritten wird.

» **Stress:** Wer keine Zeit für ein Vollbad übrig hat, der kann sich auch mit einem Fußbad selbst verwöhnen. Fußbäder sind schon leicht in Vergessenheit geraten, doch ist die Wirkung keinesfalls zu unterschätzen. Bei Stress, Nervosität oder psychischer Belastung hilft ein Fußbad mit Lavendel wahre Wunder.

Extra-Wohlfühl-Tipp: Zum Entspannen die Hände reiben, damit sie warm sind, Lavendelöl mit Ringelblumenöl vermischt auf die Handflächen geben und die Fußsohlen damit einmassieren. Ein herrliches Wonnegefühl breitet sich im Körper aus.

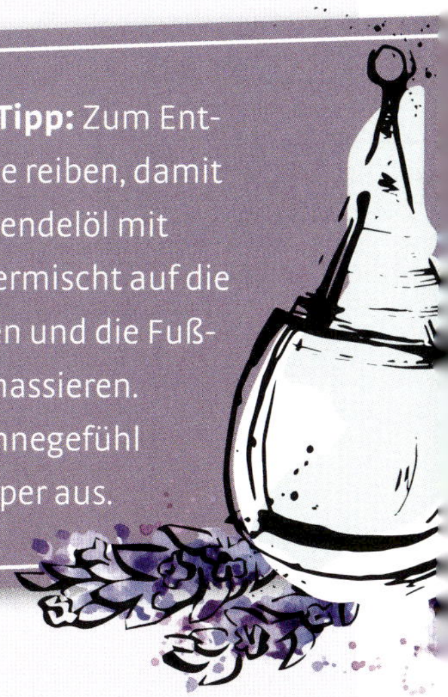

Tipp zum Wohlfühlen

Lavendelhydrolat in der Verwendung

Ein ebenso nicht zu unterschätzendes Produkt, das beim Destillierverfahren entsteht, ist das Pflanzenhydrolat, auch Pflanzenwasser genannt. In unserem Fall handelt es sich um duftendes Lavendelhydrolat, das aus reinen Lavendelblüten hergestellt wurde.

Ich bin ein großer Anhänger von Lavendelhydrolat, da das reine Öl oft einen zu schweren Duft verbreitet. Im Gegensatz dazu verströmt das Hydrolat einen leichten Duft, der an eine frische Brise erinnert. In meiner Handtasche ist immer ein Sprühflakon mit dem Lavendelblütenwasser mit dabei, um schnell für Frische im Gesicht und auf der Kleidung zu sorgen.

Ein Klassiker!

Das Hydrolat mit dem Lavendelduft ist mittlerweile ein Klassiker, der großen Anklang findet. Wer vermag sich auch diesem einmaligen Duft eines Lavendelfeldes zu entziehen?

Möglichkeiten zur Verwendung von Lavendelhydrolat:

- **Raumspray:** Mit dem Hydrolat ist es möglich, den herrlichen Lavendelduft in jeden Raum zu zaubern.
- **Kopfkissenspray:** Vor dem Schlafengehen das Kissen mit Lavendelhydrolat besprühen. Bringt einen erholsamen Schlaf.
- **Wäschespray:** Dank Bügelspray oder Wäschespray duftet die Wäsche frisch und sauber nach Lavendel.
- **Polstermöbelspray:** Um die Polstermöbel oder auch Vorhänge und Zierkissen zu erfrischen und zu beduften.
- **Duftlampe und Zerstäuber:** Verschaffen Raumduft und wirken entspannend.
- **Rasierwasser:** Wirkt Hautirritationen entgegen.
- **Haarwasser:** Wirkt gegen fettiges Haar. Nach der Haarwäsche einreiben und den Duft genießen.
- **Gesichtsspray:** Lavendelhydrolat ins Gesicht gesprüht, erfrischt und klärt die Gedanken und hilft auch beim Einschlafen. Wirkt beruhigend auf sensible und unreine Haut.
- **Körperspray:** Zur Erfrischung an heißen Sommertagen.
- **Badewasser:** 20 ml Hydrolat in laufendes Badewasser geben. Entspannt und erfrischt!
- **Reisespray:** Wirkt gegen Jetlag und bei Schlafproblemen.
- **Insektenspray:** Vertreibt zum einen unliebsame Insekten und hilft bei Insektenstichen. Ist deshalb auch bei der Arbeit am Lavendelfeld ein unverzichtbarer Begleiter.
- **Sonnenspray:** Bei ersten Anzeichen von Hautrötungen sofort einsetzen.
- **Kompresse:** Bei Juckreiz, kleineren Verletzungen oder Mückenstichen hat sich das Auflegen von Kompressen mit Hydrolat sehr bewährt.

Seelensignatur von Lavendel

Von vielen Kräuterkundigen wird Lavendel schlechthin als die *Seelenpflanze* bezeichnet. Denn Lavendel wirkt nicht nur auf der körperlichen Ebene, sondern vor allem auch seelisch ausgleichend. Die Reinigung gelangt bis in die Seele und die Menschen nehmen sie als plötzliche Erleichterung wahr. Ja, man könnte sagen, die Seele wird leichter, lichter und heller.

Renate Kauderer beschreibt in ihrem Buch *Blumengeheimnisse* den Lavendel, das Kind des Südens, mit der Blumenbotschaft *Gedankenstille*. Dies ist wohl sehr zutreffend auf den Lavendel und ich könnte es nicht schöner beschreiben. Sie schreibt, dass Lavendel ein erfrischender Begleiter ist, wenn es gilt, nach emotionalen Berg- und Talfahrten in die klare Stille eines ruhigen Geistes einzutauchen. Wenn es Zeit ist, Dinge zu klären, um richtige Schritte und richtige Entscheidungen zu treffen. Lavendel hilft, zu einer entspannten Haltung zu kommen, damit die Rückverbindung zur inneren Führung möglich ist. Und Lavendel unterstützt dabei, Entscheidungen abzuwägen und die eigenen Absichten zu reinigen, damit man seinen Weg kraftvoll weitergehen kann.

Dies deckt sich vollkommen mit meiner Eigenerfahrung, denn ich bin selbst sehr oft dem intensiven Lavendelduft ausgesetzt. Wenn wir uns in der Erntezeit befinden, ist bei uns der ganze Hof in eine Lavendelwolke getaucht. Und anscheinend werden alle Bewohner sowie Haustiere dieser intensiven innerlichen Reinigung unterzogen, die uns allen spürbar guttut.

Gerade in unserer stressigen, aber auch unsicheren Welt ist der Lavendel ein guter täglicher Begleiter, der Sorgen vertreibt, für erholsamen Schlaf sorgt, Gedankenspiralen unterbricht und Frische und Klarheit bis in die Gehirnzellen bringt. Diese kleinen Hilfen, wie etwa stets Lavendelöl bei sich zu haben, wirken oft Wunder. In äußerst strapaziösen Situationen einen kühlen Kopf zu bewahren und weitgehend richtige Entscheidungen zu treffen, gehört zu den wichtigsten Anforderungen überhaupt. Lavendel kann diesbezüglich eine große Hilfe und Lebenserleichterung sein.

REZEPTE

HEILREZEPTE

Lavendeltee

Bei Kopfschmerzen oder zu vielen Sorgen ein wohltuendes, wirksames Mittel. Aber auch bei Blähungen oder Einschlafstörungen schafft eine Tasse Lavendeltee Abhilfe. Schon eine kleine Lavendelernte reicht aus, um sich dieses behagliche Getränk zubereiten zu können.

Zutaten:

» Ein Teelöffel Lavendel (*Lavandula angustifolia*)

» 250 ml Wasser

Zubereitung:

Die Blüten mit dem heißen Wasser übergießen und 7–8 Minuten ziehen lassen. Nicht länger als 10 Minuten ziehen lassen und ungesüßt genießen.

Wohltuend bei Kopfweh oder zu vielen Sorgen!

Lavendelwein

nach Hildegard von Bingen

Hildegard hat den Lavendelwein als Heilmittel für Leber- und Lungenleiden empfohlen. Bei der sogenannten feuchten Lunge, wie Hildegard sie nannte, die durch zu salzhaltige Kost zustande kam, behandelte sie mit bestem Ergebnis mit Lavendelwein. Auch bei Erschöpfungszuständen, depressiven Verstimmungen und Gemütsschwankungen leistet der Lavendelwein gute Dienste. Außerdem ist er hervorragend zu gebrauchen bei anstrengender Kopfarbeit, wie langwierigem Arbeiten am Computer oder endlosen Konferenzen. Hier hilft der Lavendelwein sofort, einen frischen Kopf zu bekommen und erneut zu geistiger Klarheit zu gelangen.

Dieser ausgezeichnete Lavendelwein, der in keinem Haushalt fehlen sollte, kann ebenso zur Unterstützung bei Alzheimer-Erkrankung eingesetzt werden, um den Krankheitsverlauf zu entschleunigen. Die guten Nachrichten sind, dass ab dem 60. Lebensjahr der Lavendelwein vorbeugend gegen Alzheimer und generelle geistige Erlahmung genommen werden kann.

Zutaten:

- 25 g Lavendelblüten
- 1 l Wein

Schon Hildegard hat den Lavendelwein als Heilmittel für Leber- und Lungenleiden empfohlen.

Zubereitung:

Der Wein wird in einem Topf zum Erhitzen gebracht und die Lavendelblüten hinzugegeben. Nach 5 Minuten Kochzeit noch 15–20 Minuten ziehen lassen. Abseihen und abkühlen lassen und in eine Flasche füllen.

Anwendung:

Der Lavendelwein eignet sich am besten warm zum Trinken und mit ein wenig Honig gesüßt. Kurmäßig kann der Lavendelwein 3 Monate lang drei Mal täglich in der Dosis von einem Likörglas oder Stamperl, wie wir in Österreich sagen, getrunken werden.

1 Wein in einen Topf leeren. **2** Lavendelblüten hinzugeben. **3** Das Ganze zum Kochen bringen. **4** Von der Herdplatte nehmen und durchsieben. **5** Abfüllen.

Lavendeltinktur

Tinkturen sind eine fast in Vergessenheit geratene Kräutermedizin, die man aber mühelos selbst herstellen kann. Durch die eigene Beteiligung am Herstellungsprozess gewinnt man auch einen gewissen Respekt vor der Natur und vor den Heilpflanzen, die sie uns zur Verfügung stellt. Tinkturen sind mit nahezu allen Heilkräutern herstellbar.

Eine Lavendeltinktur ist ein alkoholischer Auszug aus Lavendelblüten und wirkt hervorragend bei Schlaflosigkeit, Unruhe und depressiven Verstimmungen. In schwierigen Situationen wie Klärungsentscheidungen, bei Lebensveränderungen bis hin zur Sterbebegleitung verhilft die Lavendeltinktur zur nötigen Kraft, sich den Aufgaben zu stellen. Vertrauen und Zuversicht, dem Schicksal gewachsen zu sein, stellen sich ein.

Es ist sicherlich von großem Vorteil, sich eine Lavendeltinktur auf Vorrat herzustellen, um sie bei Bedarf sofort bei der Hand zu haben.

Zutaten:

» 45 %iger Alkohol
» Lavendelblüten
» Schraubglas hell (durchsichtig)
» Abfüllflasche dunkel (Pipettenflasche)
» Feines Sieb

Zubereitung:

Lavendelblüten pflücken, leicht antrocknen lassen, ins durchsichtige Glas geben und mit Alkohol übergießen, sodass die Blüten völlig bedeckt sind. Das Glas verschließen und mindestens 4 Wochen lang an der Sonne stehen lassen. Einmal am Tag liebevoll schütteln. Nach Ablauf dieser Zeit wird der Alkohol durch ein sehr feines Sieb abgegossen.

Aufpassen, dass keine Schwebestoffe durchsickern, sonst nochmals abgießen. Die Tinktur ist somit fertig und wird in eine dunkle Abfüllflasche gefüllt. Täglich drei Mal 5 Tropfen mit wenig Wasser einnehmen. Um eine Wirkung zu erzielen, sollte man die Tinktur über mehrere Wochen hinweg einnehmen.

Lavendeltinktur wirkt bei:

- Umzügen, Wohnungswechsel
- Ortswechsel
- Neuer Arbeitsstelle
- Entscheidungsschwierigkeiten
- Liebeskummer, Beziehungskrisen
- Unruhigem Schlaf, Ein- und Durchschlafschwierigkeiten
- Seelenkrisen
- Mangelndem Lebensmut
- Nervosität
- Magen-Darmbeschwerden
- Sterbebegleitung

1 Lavendel in das Schraubglas geben. **2** Mit Alkohol übergießen und das Schraubglas füllen, bis die Blüten abgedeckt sind. Schraubglas gut verschließen. **3** An die Sonne stellen und täglich schütteln. **4** Nach 3 Wochen abseihen und in eine dunkle Tropfflasche füllen.

NATÜRLICHE KOSMETIK

Natürliche Kosmetik mit Lavendel

Es wird nicht nur allseits beliebter, sondern auch tatsächlich notwendiger, sich Kosmetikprodukte selbst zu zaubern. Die fragwürdigen Inhaltsstoffe, die wir in gekauften Produkten vorfinden, wollen und können viele ihrer Haut nicht mehr zumuten.

Abgesehen davon, dass Allergien und Neurodermitis zu einem Umdenken in der Anwendung von Kosmetika zwingen, widerstreben vielen Männern und Frauen der künstliche Duft und die schädlichen Inhaltsstoffe und man möchte diese Belastung seinem Körper nicht mehr antun.

Wer mit natürlicher Kosmetik vertraut ist, kennt die unvergleichlich puren Gerüche und die Herkunft der Zutaten ebenso wie das Resultat. Rötungen sowie Schuppen verschwinden, Haut und Haare beginnen sprichwörtlich wieder zu atmen, man fühlt sich in seiner Haut rundum wohl.

Man sollte seiner Haut tatsächlich nur das Beste zumuten und für alle Kosmetikprodukte, die man selbst herstellt, erlesenste Rohzutaten auswählen. Für alle Mischungen, die Öle enthalten, bitte nur hochwertiges Bioöl kaufen. Die Unterschiede auf dem Markt sind gigantisch, hervorgerufen durch den Pestizideinsatz und durch Herstellungsverfahren. Schlussendlich endet das Ganze gar in synthetischen Ölen, die nichts mehr mit der ursprünglichen Pflanze, die die Packung ziert, zu tun haben. Also Finger weg davon!

Kurz sei noch angeführt, dass in all den billigen (und oft auch teuren) Raumdüften und Duftkerzen faktisch gesundheitsbedenkliche Substanzen beinhaltet sind. Wer sich mit Raumduft umgibt, sollte auch nur qualitativ hochwertige Produkte kaufen.

Bade-zusätze

Badezusätze für Lavendelbäder
selbst herstellen

Nicht nur bei geistiger Erschöpfung, sondern auch zum totalen Abschalten oder Relaxen bietet sich ein Lavendelbad auf beste Weise an. Zusätzlich wird ein erholsamer Schlaf gefördert, sodass dem kleinen Wellnessprogramm nichts mehr im Weg stehen kann.

Für Frauen ist in allen Lebenslagen ein Lavendelbad ein besonderer Begleiter. Ein oder zwei Tage vor der Periode sich ein Lavendelbad zu gönnen, entspannt und kräftigt gleichzeitig den Körper und die Seele. Aber auch bei großen nervlichen Herausforderungen kann ein abendliches Lavendelbad helfen und am nächsten Tag die Welt in einem anderen Licht erscheinen lassen.

Wer Baderituale liebt, kann gerade mit dem Lavendel rasch und erschwinglich tolle Badezusätze herstellen.

Lavendel-Badesud

Ein uraltes Ritual in der Badekultur besteht aus dem Abkochen von Pflanzenmaterialien. Der Sud wird dann ins Wasser gegossen und entfaltet seine heilkräftige Wirkung. So auch beim Lavendel-Badesud. Wer gerne die Ursprünglichkeit der Pflanzenheilkraft mag, sollte dies unbedingt einmal ausprobieren. Beim Lavendel-Badesud kommt die volle natürliche Heilkraft des Lavendels zum Tragen.

Zutaten:

» 1,5 l Wasser
» 1 Handvoll Lavendelblüten

Zubereitung/Anwendung:

Lavendelblüten mit dem Wasser zum Kochen bringen. Pflanzenmaterial abseihen und den Sud dem Badewasser beifügen. 20 Minuten sollte allerdings die höchste Badedauer sein, denn nach diesem Bad ist es gut, sich noch einige Zeit hinzulegen. Es wirkt mit voller Kraft des Lavendels.

Meine Sommervariaton besteht aus einem Lavendel-Badesud-Fußbad in der gekühlteren Form mit Eiswürfel. Dies sorgt dann für große geistige und körperliche Frische.

Hervorragend geeignet, um seiner Seele etwas Gutes zu tun!

Lavendel-Badesalz

Ideal für Entspannungsbäder zur Erholung und zum Stressabbau. Besonders hautpflegend mit Mineralsalz (Salz aus dem Toten Meer) und Lavendelöl. Mineralsalz zeichnet sich durch den hohen Anteil an Magnesium aus, das entzündungshemmend wirkt. Die Stoffwechselvorgänge der Haut werden angeregt und der Körper wird entschlackt, um Verjüngung, Frische und Vitalität zu fördern. Cellulite wird bekämpft und verringert sich. Die Kombination von Mineralsalz und Lavendelöl führt zu höchsten Entspannungszuständen, die auf Körper und Seele optimal regenerierend einwirken und auf allen Ebenen Altlasten entfernen.

Zutaten für ein Vollbad:

» 250 g Mineralsalz
» 20 Tropfen Lavendelöl
» 2 EL Lavendelblüten
» Rosenblüten zum Garnieren

Zubereitung:

Mineralsalz vorbereiten, Lavendelöl und Lavendelblüten beigeben, vermischen, mit Rose garnieren, abfüllen und sich Zeit für ein herrliches Bad genehmigen.

Ideal für Entspannungsbäder zur Erholung und zum Stressabbau.

1 Mineralsalz vorbereiten, Lavendelöl hinzufügen. **2** Lavendelblüten beimengen. **3** Mit Rosenblüte verschönern, in einem luftdichten Glas gut verschließen.

Milch-Honig-Lavendelbad

Spätestens seit Kleopatras Zeit weiß man über die verjüngende Wirkung von Milchbädern Bescheid. Die Haut wirkt jugendlich, frisch und strahlend, denn sie wird durch das Milcheiweiß beruhigt und geglättet und durch das Milchfett, das für den Säureschutzmantel der Haut zuständig ist, wird die Hautalterung verzögert. Die rückfettende Wirkung kommt auch sehr trockener Haut entgegen. Milch macht die Haut streichelzart und weich. In Kombination mit dem Lavendel ergibt dieses Bad ein Fest für Haut, Sinne und Seele.

Zutaten:

» 1 l Heumilch oder Stutenmilch
» 2 EL Honig
» 15 Tropfen Lavendelöl

Zubereitung:

Die Milch erwärmen, den Honig hinzufügen, warten, bis er sich auflöst und das Lavendelöl hinzugeben. Alles dem Badewasser beimengen und dieses herrliche Kleopatra-Bad genießen.

Für eine streichel-zarte Haut!

Lavendel-Aprikosen-Ölbad

Ein weiteres Lieblingsöl von mir ist aufgrund seiner wunderbaren Eigenschaften das Aprikosenöl. Es ist ein Samenöl, das heißt, es wird direkt aus Aprikosenkernen gewonnen. Gerne verwendet man es auch in der Babypflege, da es sich um ein besonders pflegendes und leichtes Öl handelt. Auch bei trockener, rissiger, spröder Haut wird es sehr geschätzt.

Sich eine kleine Auszeit zu nehmen und ein Ölbad mit Aprikosen- und Lavendelöl zu gönnen, steht einem Spa-Erlebnis um nichts nach. Die Haut wird zart und geschmeidig und fühlt sich gut genährt an.

Zutaten:

- » 100 ml Aprikosenkernöl
- » 20 Tropfen Lavendelöl

Zubereitung:

Öle miteinander gut vermischen und im warmen Badewasser verteilen.

Auch gut für Babys!

Lavendel-Mandel-Massageöl

Das Massageöl ist der Klassiker schlechthin. In Zeiten erhöhter Belastung verwende ich das Massageöl über Wochen hinweg allabendlich vor dem Zubettgehen. Ich massiere nach einer warmen Dusche den gesamten Körper damit ein. In den Wintermonaten hält mich allein die Sonne, die in den Lavendelblüten gespeichert ist, warm und geborgen und der Duft des Lavendels vertreibt Kälte und Sorgen.

Das Mandelöl ist ein äußerst wirkungsvolles Öl für die Haut, das schon seit dem Altertum für die Schönheitspflege in Verwendung ist. Es wird aus Samen gewonnen und hat daher einen sehr hohen Ölgehalt. Aber es enthält auch Eiweiß, Glucose und Saccharose, es ist reich an wichtigen Mineralstoffen wie Kalium, Calcium, Phosphor, Kupfer und Zink, sowie an Vitaminen, besonders denen der B-Reihe. Es beruhigt, wirkt reizlindernd und schützend und gibt ein besonders weiches Hautgefühl.

Zutaten:

- 10 Tropfen Lavendelöl
- 2 EL Mandelkernöl

Zubereitung:

Zutaten in einer Schale miteinander vermischen und gleich anwenden.

Wohltuend: sich in einen Bademantel kuscheln, die Ölmischung ganz einziehen lassen und die Zeit mit einem aufbauenden Buch genießen.

Lavendel-Heilerde-Gesichtsmaske

Gesichtsmasken sind sozusagen für eine Sonderportion an Reinigung und Pflege zuständig. Regelmäßig angewandte Gesichtsmasken wie diese mit Heilerde können das Hautbild nachhaltig ebnen.

Heilerde wirkt durch seinen Mineralstoffgehalt reinigend und entzündungshemmend, bei blasser Haut durchblutungsfördernd, aber auch straffend. Bei Mischhaut, fettiger oder unreiner Haut ist Heilerde sehr gut einzusetzen. Heilerde mit Lavendelöl gemischt, ist unbedingt empfehlenswert!

Zutaten:

» 3 TL Heilerde
» 5 Tropfen Lavendel
» Zitrone
» Lauwarmes Wasser

Zubereitung:

Die Heilerde mit lauwarmem Wasser zu einer cremigen Paste anrühren, Lavendelöl und einen Spritzer Zitrone hinzugeben. Dann auf Gesicht und Hals auftragen und mindestens 15 Minuten einwirken lassen. Mit warmem Wasser abspülen und in der Pflege fortfahren.

Gesichtspflege

Lavendel-Hagebutten-Gesichtsöl

Ein Gesichtsöl, das die Haut beruhigt, erfrischt und verjüngt. Ich habe Hagebuttenöl als das Notfallöl bei Gesichtsunreinheiten, roten Flecken oder gereizter Haut entdeckt und es hat immer absolut gewirkt.

Hagebuttenöl ist auch ein Samenöl und ein besonderer Vitamin-C-Spender. Das Öl zeichnet sich durch einen hohen Anteil an mehrfach ungesättigten Fettsäuen und Begleitstoffen aus. Deshalb wirkt dieses heilkräftige Öl besonders erneuernd und regenerierend auf die Haut.

Hagebuttenöl, kombiniert mit dem Lavendelöl, das ebenfalls wunderbar bei sensibler Haut eingesetzt werden kann, erzielt beste Resultate, sprich porentief reine und gesunde Haut.

Zutaten:

» 5 Tropfen Hagebuttenöl
» 3 Tropfen Lavendelöl

Zubereitung/Anwendung:

Zutaten vermischen und auf das noch feuchte Gesicht und auch den Hals und das Dekolleté auftragen, damit die Öle gut einziehen können.

Beruhigt, erfrischt und verjüngt!

Lavendel-Hagebutten-Gesichtsspray

Den Gesichtsspray habe ich eher für die Sommermonate nach langem Überlegen kreiert. Denn im Sommer ist das Gesichtsöl für die Pflege zu üppig, aber im Winter wiederum ist es notwendig. Deshalb ist dieser Spray eine gute Sommervariante. Er zieht auch sofort ein und man merkt gleich das Frischegefühl auf der Haut.

Zutaten:

» 100 ml Lavendelhydrolat
» 10 Tropfen Hagebuttenöl
» 7 Tropfen Lavendelöl

Zubereitung:

Auf die feuchte Haut sprühen und das Hautgefühl genießen!

Nicht vergessen, vor jedem Sprühen einmal kräftig schütteln!

Lavendel-Haarmaske

Eine wertvolle, nährende Haarmaske, die das Haar von innen heraus kräftigt und stärkt. Gesunde Haare müssen von der Basis aus gepflegt werden und nichts hilft besser, als sich ein Mal die Woche eine Haarmaske zu gönnen.

Zutaten:

- 5 Tropfen Lavendelöl
- 1 Eigelb
- 1 EL Olivenöl
- 1 EL Honig
- Lavendelhydrolat nach der Haarmaske

Zubereitung/Anwendung:

Zutaten vermengen und mit einem kleinen Schneebesen gut verrühren. Um das Aufnehmen der Maske zu erleichtern, unbedingt auf das feuchte Haar auftragen und einmassieren. Eine Stunde lang mit einem Handtuch auf dem Kopf, das durch die Wärmeerzeugung nochmals die Wirkung verstärkt, einziehen lassen.

Nach dem Auswaschen der Maske die Haare unbedingt mit duftendem Lavendelhydrolat mit ein paar kräftigen Pumpstößen besprühen. Lavendelhydrolat wurde schon vor Jahrhunderten vom Adel zur Haarpflege benutzt. Heute ist dieses Naturprodukt nicht nur für alle leistbar, sondern auch überaus gesund für die Haarpracht.

Die Haare werden nicht nur kräftig und stark, sondern auch seidig glänzend!

Haar-
pflege

Hand- und Fußpflege

Lavendelseife

Der Klassiker schlechthin, der seit Jahrhunderten die Bestsellerlisten der Seifen anführt. Die Lavendelseife erlebt gerade heute wieder ihr Comeback. Galt sie doch lange Zeit als Seife für unsere Omas, so freuen sich in unseren Tagen gerade junge, engagierte, naturerprobte Damen an ihrem Geruch. Man findet sie nicht nur in besten Hotelanlagen in den Gästezimmern, sondern sie gilt auch bei Gärtnerinnen und Bäuerinnen als erste Wahl für die Handpflege.

Zutaten:

» 500 g Bio-Glycerinseife (weiß)
» 5 EL Sonnenblumenöl
» 50 Tropfen Lavendelöl
» 2 EL getrocknete Lavendelblüten
» ½ TL Bio-Farbpigment

Zubereitung:

Bio-Glycerinseife über dem Wasserbad zum Schmelzen bringen. Sonnenblumenöl unter Rühren beimengen, Lavendelöl hinzugeben, zuletzt Lavendelblüten und Farbpigment unterrühren.

Die Masse in Seifenformen füllen und kühl stellen. Nach 5 Tagen ist die duftende Lavendelseife verwendbar.

Die Lavendelseife erlebt gerade heute wieder ihr Comeback!

Lavendel-Rosmarin-Fußspray

Rosmarinöl wirkt sofort belebend auf den Organismus, regt den Kreislauf, die Nerven und das Gehirn an und unterstützt beim Abbau von Lymphstauungen und Ödemen. Auch bei Rheuma, Gicht und Muskelschmerzen schenkt Rosmarinöl wahre Wohltaten.

Der Lavendel-Rosmarin-Fußspray belebt in Sekundenschnelle und ist äußerst empfehlenswert.

Zutaten:

» 100 ml Lavendelhydrolat
» 10 Tropfen Lavendelöl
» 15 Tropfen Rosmarinöl
» 1 TL Natron

Zubereitung:

Lavendelhydrolat in eine Schüssel geben, Natron unterrühren und nachdem alles gut vermischt ist, die Öle hinzufügen. In eine undurchsichtige Sprühflasche abfüllen, damit die Haltbarkeit gewährleistet ist. Täglich verwenden.

Lavendel und Rosmarin als ideale Kombination für Kreislauf, Nerven und Gehirn!

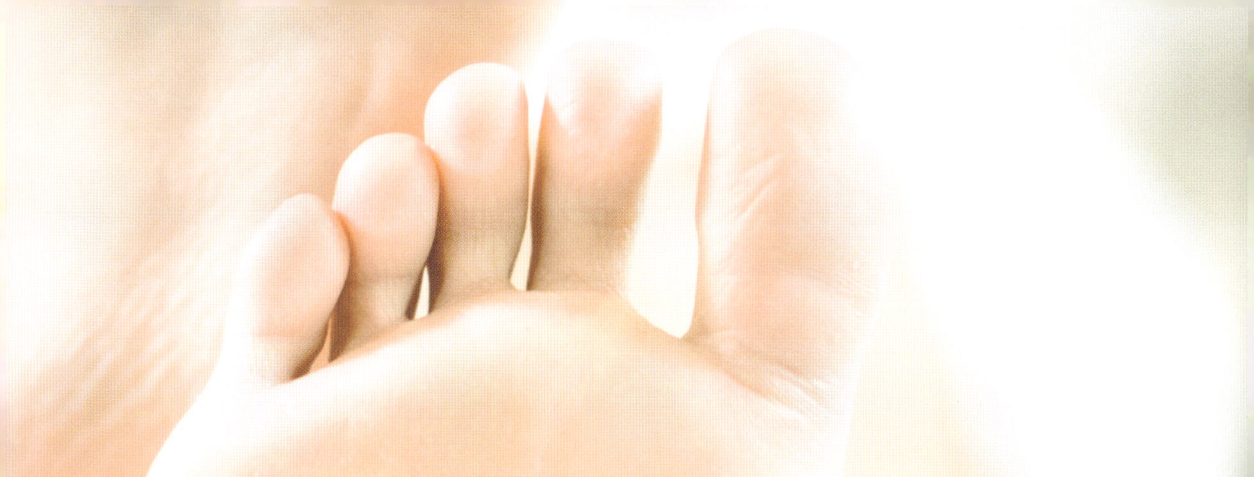

Unsere Füße tragen uns durch das Leben und oft schenken wir ihnen erst Aufmerksamkeit, wenn sie überbeansprucht sind und schmerzen. Deshalb sollte man niemals darauf vergessen, seinen Füßen und Beinen Gutes zu tun. Dieser herrlich duftende Fußspray trägt wesentlich dazu bei.

Am besten hat man den Fußspray immer mit dabei. Auf Reisen, bei Messen und Veranstaltungen, Wanderungen. An einem langen Arbeitstag in den Pausen aufgetragen und als Wohlfühlspray vor dem Schlafengehen angewandt, erholen sich die Füße und Beine von ihren Strapazen so schnell wie möglich. Aber auch gegen unangenehme Fußgerüche hilft der Lavendel-Rosmarin-Fußspray bestens.

Lavendel-Deodorant

Weg von Deodorants, die mehr als schädlich sind, und hin zu natürlichen Alternativen. Man sollte sich selbst etwas Gutes tun und sich ein Deo selbst zubereiten.

Durch das Natron werden auf sehr natürliche Art und Weise unangenehme Gerüche gebunden. Das Lavendel-Deodorant erfrischt und pflegt auch gleichzeitig die Haut, ohne sie zu irritieren. Was könnte besser in ein Deodorant passen als Lavendel, dem schon immer Sauberkeit zugesprochen wurde, mit ein paar Spritzern Zitrone, die für einen besonderen Frischekick sorgen?

Zutaten:

» 100 ml Lavendelhydrolat

» 1 EL Natron

» 10 Tropfen Lavendelöl

» 5 Tropfen Zitronensaft

Zubereitung:

Lavendelhydrolat in einen Topf füllen, Natron mit einem Schneebesen unterrühren, Öl und Zitronenspritzer hinzugeben. Abgefüllt in einer Sprühflasche leicht und schnell verwenden.

Dieses herrliche Lavendeldeo
ist absolut empfehlenswert,
da es frisch und blumig wirkt.

Für unterwegs

Lavendelhydrolat

Handtaschenspray

Für alle Lebenslagen benötigt Frau einen Pumpzerstäuber mit Lavendelhydrolat in der Handtasche. Und zwar, um eine Erfrischung in letzter Sekunde zu bewirken, ein paar Sprüher zum Abkühlen ins Gesicht zu stäuben, schnell noch die Bekleidung zu beduften oder sich den wundgelaufenen Füßen zu widmen. Ein Lavendelhydrolat-Handtaschenspray ist also eine ziemliche Notwendigkeit.

Zutaten:

» 20 ml Hydrolat

Zubereitung:

Hydrolat in einen kleinen 20-ml-Pumpzerstäuber abfüllen, damit man den Handtaschenspray in der kleinen Größe auch wirklich überallhin mitnehmen kann.

WÄSCHE-
PFLEGE

Wäschepflege mit Lavendel

Chemisch hergestellte Wasch- und Putzmittel mit ätzenden Substanzen und übertriebener Duftnote gehören bei vielen Naturfreunden und umweltbewussten Menschen der Vergangenheit an. Der grüne Trend geht eindeutig in Richtung naturbelassener und selbst hergestellter Reinigungsmittel, zumal diese auch deutlich kostengünstiger sind als herkömmlich gekaufte.

Hier eignet sich der Lavendel mit seiner außerordentlichen Reinigungskraft und desinfizierenden Wirkung einfach bestens für den Haushalt. Und als Extra-Draufgabe gibt es noch den herrlichen natürlichen Lavendelduft, mit dem es kein synthetischer Duft der Welt aufnehmen kann.

Wäschespray

Eigentlich gilt das Lavendelhydrolat als Klassiker unter den Wäschedüften, weil es desinfiziert, die Wäsche erfrischt und ein Gefühl von absoluter Reinheit und Sauberkeit gewährleistet.

Ein Fläschchen Lavendelhydrolat sollte auch auf dem Nachtkästchen seinen Platz finden, denn vor dem Schlafengehen nochmals das Kopfkissen und Bettzeug zu besprühen und gleichzeitig die Raumluft zu erneuern verhilft zu tiefen Schlummerträumen.

Mottenabwehr

Kein Kleiderkasten kann ohne das Lavendelsackerl bleiben. In früheren Zeiten hat man einfach Lavendelbüscherl gebunden und in Kästen gehängt und Truhen gelegt, doch zerbröselte das Sträußchen nach kurzer Zeit. Deshalb begann man die Lavendelblüten in Stoff einzufassen und das Lavendelsackerl entstand. Diese Duftsackerl kann man über Jahre hinweg im Wäscheschrank haben, sie kurz durchzudrücken reicht, um neuen Duft hervorströmen zu lassen.

Und tatsächlich braucht man zu keinen synthetischen und oft leider auch giftigen Mottenkugeln greifen, was der Haut beim unvermeidlichen Kontakt zur Wäsche zugutekommt.

Auch wenn viele es nicht glauben wollen, Lavendelsackerl reichen aus, um Motten abzuwehren. Die Tiere mögen den Geruch nicht und nisten sich deshalb auch nicht ein. Allerdings benötigt man je nach Größe eines Kleiderschrankes mehrere Duftsackerl. Auch ist es von Vorteil, in jeder Schublade ein Sackerl zu deponieren. Eine großzügige Verteilung der Duftsackerl verhindert garantiert Motten und hält außerdem die Wäsche duftend frisch.

Lavendelsackerl reichen aus, um Motten abzuwehren!

LAVENDEL
FLÜSSIG-
WASCHMITTEL

Flüssiges Lavendelwaschmittel

Ein natürliches und absolut pflegendes Waschmittel, das mit seinem Duft besticht. Es verleiht der Wäsche einen sauberen Geruch und ein angenehmes Tragegefühl.

Zutaten:

- 3 EL Kernseife
- 3 EL Waschsoda
- 20 Tropfen Lavendelöl
- 1 Liter abgekochtes Wasser

Zubereitung:

Kernseife reiben und in heißem Wasser auflösen, Waschsoda beigeben, Wasser dazuschütten und Lavendelöl untermengen. Vor dem Gebrauch schütteln, da sich das Waschmittel etwas absetzen und gelartig werden kann.

Pro Wäscheladung reichen 60 ml des Waschmittels.

Lavendel-Vollwaschmittel

Wer nicht so gerne mit Flüssigwaschmittel die Wäsche wäscht, für den gibt es das Lavendel-Vollwaschmittel.

Zutaten:

- » 1 Tasse Natron
- » 1 Tasse Waschsoda
- » 1 Tasse geraspelte Lavendelseife
- » 20 Tropfen Lavendelöl

Zubereitung:

Geraspelte Lavendelseife mit Natron und Waschsoda vermengen und zum Schluss das Lavendelöl untermengen. In einen Behälter abfüllen und gut verschlossen aufbewahren.

1 Lavendelseife raspeln. **2** Natron beimengen. **3** Speisesoda unterrühren. **4** Lavendelöl dazugeben, verrühren, verschließen.

LAVENDEL
WEICHSPÜLER

Lavendel-Weichspüler

Unverzichtbar ist ebenso der Weichspüler und gleichzeitige Waschmaschinenentkalker. Um nur ja nicht den Lavendelwäscheduft zu zerstören, hier unbedingt nochmals Lavendelöl beigeben.

Zutaten:

» 1/2 Tasse Essigessenz

» 10 Tropfen Lavendelöl

Zubereitung/Anwendung:

Beides miteinander vermischen und in die Waschmaschine geben.

Ist eine tolle Alternative zu herkömmlichem Weichspüler und kann bei jedem Waschgang direkt in die Waschmaschine oder ins Extrafach gegeben werden.

GENUSS

Genussrezepte mit Lavendel

Es erzeugt immer wieder ein Urlaubs- und Tiefenentspannungsgefühl, wenn man sich auf ein Lavendelrezept einlässt. Der unvergleichliche Geschmack des Lavendels findet ganz sicher auch in der Küche seine Berechtigung.

Wer einmal auf den Geschmack gekommen ist, wird auf den Lavendel nicht mehr verzichten wollen. Eigentlich lässt sich Lavendel in der Kulinarik gar nicht beschreiben, man muss die Rezepte ausprobieren, um die Gewissheit zu erlangen, dass spezielle Lavendelkombinationen fast süchtig machen.

Lavendelzucker

Lavendelzucker zeichnet sich durch den herrlichen Lavendelduft aus und findet vielfache Verwendung in der Kulinarik. Die Herstellung des Lavendelzuckers gelingt einfach und schnell. Er lässt sich auch als Vorrat anlegen. Allein das Schnuppern an einer Dose mit Lavendelzucker erinnert an üppig blühende Lavendelfelder und hebt sofort die Stimmung.

Zutaten:

» 100 g Lavendelblüten
» 200 g Kristallzucker

Zubereitung:

Den Zucker in das Mixgerät geben und die Lavendelblüten nachfüllen. Fein pulvrig mixen. Deckel abnehmen und den berauschenden Lavendelzuckerduft genießen.

1

2

3

1 Kristallzucker, Lavendelblüten, Feinmixgerät. **2** Zucker einfüllen, Lavendelblüten dazugeben.
3 Fein mixen, abfüllen.

Lavendelkekse

Zutaten:

- 300 g Mehl
- 120 g Butter
- 100 g Zucker & 20 g Lavendelzucker (siehe S. 82), vermischt
- 1 Ei
- 10 g getrocknete Lavendelblüten
- Lavendelzucker zum Bestreuen (siehe S. 82)

Zubereitung:

Butter in kleine Stücke schneiden, mit dem Mehl vermengen und mit dem gemischten Zucker und dem Ei verkneten. Lavendelblüten dazugeben und alles zu einem Mürbteig kneten. Eine Stunde kühl rasten lassen.

Teig auf einer bemehlte Arbeitsfläche ausrollen und mit beliebigen Ausstechern zu Keksen formen.

Auf einem mit Backpapier ausgelegten Backblech die Kekse im vorgeheizten Backrohr bei 180 °C 20 Minuten lang backen.

Dekoration:

Die Kekse noch im rohen Zustand mit Lavendelzucker bestreuen oder aber mit einer Zuckerglasur, bestehend aus Puderzucker, vermengt mit Eiklar und Zitronensaft, in beliebiger Form verzieren.

Herrliches Mürbteiggebäck für die Nachmittagskaffeepause mit exklusivem, leichtem Lavendelgeschmack.

Lavendelstangerl

Leichtes Blätterteiggebäck für zwischendurch. Durch die rasche Herstellung und den unvergleichlichen Lavendelakzent ein ganz besonderes Gebäck.

Zutaten:

» 1 Pkg. Bio-Blätterteig (wahlweise Bio-Dinkelblätterteig oder Bio-Butterblätterteig)
» 1 Eiklar
» Lavendelblüten und Lavendelzucker (siehe S. 82)

Zubereitung:

Teig ausrollen, in Streifen schneiden und Stangerl drehen. Diese im vorgeheizten Backrohr bei 150 °C 15 Minuten goldbraun backen. Kurz vor dem Herausnehmen mit Eiklar bestreichen, Lavendelzucker bestreuen und Lavendelblüten garnieren. Fertig backen, abkühlen lassen und frisch genießen.

Einfache Zubereitung und unvergleichliches Ergebnis!

Lavendelhonig

Es gibt leider keinen Lavendelhonig von Bienen. Auch wenn die fleißigen Bienen zu Tausenden am Lavendelfeld ihre Arbeit verrichten, so findet sich der Lavendelgeschmack dadurch nicht im Honig. Man kann ihn nur mit einfachen Hilfsmitteln selbst herstellen. Die Arbeit lohnt sich tatsächlich, denn der mithilfe von Lavendelsackerln hergestellte Honig hat einen intensiven Geschmack. Lavendelhonig auf dem Butterbrot oder zu Süßspeisen ist für jemanden, der ihn einmal gekostet hat, gar nicht mehr wegzudenken.

Zutaten:

» 500 g Waldhonig
» 6 EL Lavendelblüten
» 3 leere Teesackerl

Zubereitung:

Um den einzigartigen Lavendelgeschmack in den Honig zu bringen, benötigt man ein Glas Honig, in den Lavendelblüten eingelegt werden. Der Honig wird in einem Topf zum Erwärmen gebracht, die mit den Lavendelblüten gefüllten Teesackerl hinzugegeben, in ein Glas gefüllt und eine Woche stehen gelassen. In dieser Zeit durchzieht der Lavendelgeschmack den Honig. Und tatsächlich bleibt der zauberhafte Lavendelgeschmack auch bestehen.

1 Honig erwärmen. **2** Teesackerl mit Lavendel hineingeben. Die Wärme durchzieht Honig und Lavendel. **3** Gemeinsam mit Teesackerl abfüllen, nach einer Woche herausnehmen.

Frisches Joghurt mit Lavendelhonig

Joghurt ist eine allgemein gute Alternative als Nachspeise oder als Pausensnack zwischendurch. Kalorienarm und doch ein wunderbares Nahrungsmittel, das Kraft gibt.

Die Zubereitungszeit ist schnell und einfach.

Zutaten:

- 1 Becher Heumilchjoghurt
- Marillen oder Früchte nach Saison
- Lavendelhonig (siehe S. 88)

Zubereitung:

Früchte nach Saison schneiden und in das Heumilchjoghurt unterrühren, Lavendelhonig zum Süßen verwenden. Dieses einfache Rezept hebt den Gaumen in himmlische Sphären empor.

Der Lavendelhonig als Draufgabe ist einzigartig.

Lavendelmuffins

Muffins gibt es in allen Varianten, doch diese hier sind absolut rekordverdächtig. Die Lavendelmuffins schmelzen am Gaumen nur so dahin. Auch für Einladungen nicht nur ein echter Hingucker!

Zutaten Muffins:

» 200 g Mehl
» 100 g Butter
» ¼ l Milch
» 4 Eier
» 100 g Zucker & 50 g Lavendelzucker
» 1 TL Backpulver

Zutaten Topping:

» 1 Becher Mascarpone
» 1 Becher Schlagobers
» 2 EL Lavendelhonig (siehe S. 88)
» 1 EL Lavendelzucker (siehe S. 82)

Zubereitung:

Mehl mit Backpulver vermengen, Eier schaumig schlagen und Butter, Zucker und Milch unterrühren. Alle Zutaten miteinander vermischen. Den Teig in die vorbereiteten Muffin-Förmchen füllen und bei 180 °C 15–20 Minuten backen.

Für das Topping das Schlagobers in einer Schüssel cremig schlagen, mit Mascarpone vermengen, Zucker und Honig dazugeben, in eine Spritztüte füllen und auf die fertigen Muffins spritzen.

Mit Lavendelrispen verzieren.

Lavendelsirup

Den Sirup benötigt man an lauen Sommertagen ebenso wie an klirrend kalten Winterabenden, wenn man die Sonne ins Herz holen möchte.

Zutaten:

» ½ l Wasser
» 300 g Zucker
» 2 Handvoll Lavendelblüten
» 10 g Zitronensäure
» ½ Zitrone

Zubereitung:

Wasser mit der Hälfte des Zuckers und der Zitronensäure in einem Topf zum Kochen bringen. Lavendelblüten und Zitrone in Scheiben geschnitten dazugeben. Den Topf zugedeckt an einen kühlen Ort stellen und mindestens fünf Tage stehen lassen, damit der Sirup einen sehr intensiven Lavendelgeschmack bekommt. Den Lavendel abseihen, den restlichen Zucker dazugeben und nochmals aufkochen.

Wichtig!

Wichtig: Siedend heiß den Sirup in saubere Flaschen füllen und sofort verschrauben. Denn nur dann ist die absolute Haltbarkeit gegeben.

(Dieses Haltbarkeitsprinzip ist nach Omas Rezepten überliefert, doch leider werden immer wieder die viel schnelleren Kaltabfüllungen propagiert. Ich selber habe deswegen mehrere hundert Liter Sirup wegschütten dürfen, weil sich winzige Schimmelpartikel bildeten, ich kurz vor dem Ausliefern stand und somit fast eine Herzattacke erlitt! Nach einem Rundumaufruf unter den Profis landete ich wieder bei der uralten überlieferten Heißabfüllung.)

Variation mit Lavendelsirup!

Lavendel-Secco

Achtung, Lavendelsirup, mit Prosecco aufgegossen, hat einen gewissen Suchtfaktor. Für Kinder gilt die alkoholfreie Variante mit Mineral- oder Quellwasser.

Der Lavendelsirup mit Sekt ist nicht nur ein Getränk für heiße Sommerabende oder ein kleines Luxusgetränk zwischendurch. Nein, dieses einmalige Getränk ist auch ein heißer Tipp für die Weihnachtsfeiertage oder als Silvesterumtrunk. Die Gäste werden begeistert sein.

Zutaten:

» 3 EL Lavendelsirup (siehe S. 92)
» Prosecco oder Sekt

Zubereitung:

3 EL Lavendelsirup ins Sektglas geben, mit dem gewünschten Schaumwein aufgießen und genießen. Ein Hochgenuss für die Geschmacksknospen, bei dem sich der Lavendel von seiner besten Seite zeigt.

Die exklusivste Variante wurde von mir natürlich auch schon mit Champagner ausprobiert. Gewisse Dinge im Leben kann man nur auf diese Art feiern!

LAVENDEL-
ESSIG

Lavendelessig

Essig mit dem zart abgerundeten Lavendelgeschmack darf natürlich in keiner Küche fehlen.

Dieser Lavendelessig zaubert Höchstgenüsse auch auf nur ganz einfache Salate. Das unverkennbare Lavendelaroma entfaltet seine Note im Essig.

Zutaten:

- 200 ml Weinessig
- Eine Handvoll Lavendelähren

Zubereitung:

Die Lavendelähren direkt in die Essigflasche geben und mindestens 4 Wochen an der Sonne ziehen lassen. Der Essig entzieht dem Lavendel seine wunderbaren Inhaltsstoffe und macht sie genießbar.

Außerdem sieht die Flasche mit den Lavendelrispen auch in der Küche sehr dekorativ aus.

Lavendel-Küchenöl

Dieses Öl wird als natürlicher Geschmacksverstärker für die Küche hergestellt. Es eignet sich hervorragend für ein spezielles Dressing, für Salate, aber auch zum Backen. Unbedingt geruchsneutrales Öl verwenden. Olivenöl zum Beispiel ist viel zu intensiv, um den Lavendelgeschmack aufnehmen zu können.

Zutaten:

» 200 ml Rapsöl oder Sonnenblumenöl
» Eine Handvoll Lavendelähren

Zubereitung:

Lavendelähren in eine Flasche geben, mit dem ausgewählten Öl aufgießen und mindestens 2–3 Wochen an einen sonnigen Platz stellen.

Eignet sich auch wunderbar als
Geschenk oder Mitbringsel.

Lavendel
Küchenöl

Lavendelsalz

Das Lavendelsalz hat es in sich, was Geruch und Aromen betrifft. Herrlicher Lavendelduft tritt hier in würzigen Varianten auf. Es wird gleich wie der Lavendelzucker (siehe S. 82) zubereitet, ist also einfach in der Herstellung und auf Vorrat vorzubereiten. Lavendelsalz ist vielseitig und täglich in der Küche einzusetzen.

Zutaten:

» 200 g Salz (Meersalz oder Salz aus Salzmühle)
» 100 g Lavendelblüten

Zubereitung:

Beides im Mixer miteinander vermengen oder bei kleinen Mengen im Mörser zerstampfen.

Abfüllen und gut verschlossen aufbewahren.

Lavendelsalz hat es in sich!

Trinkschokolade mit Lavendel

Wer es gerne süß mag und vielleicht zusätzlich etwas Nervenberuhigendes sucht, der gönne sich eine Tasse Trinkschokolade mit Lavendel. Allerhöchste Schokoladenkunst verbunden mit feinstem Lavendel.

Vor allem bei den Getränken ist es das zarte, feine Lavendelaroma, das sich entfaltet. Während andere Kräuter und Gewürze bei zu hoher Dosierung oft mit voller Intensität auftreten, merkt man beim Lavendel den feinen, zarten Ton. Und das macht die Lavendelgetränke so einzigartig. Diese unaufdringliche Lavendelnuance offenbart sich auch hier in der Schokolade.

Zutaten:

» 1/4 l Biomilch
» 1 Stück Trinkschokolade
» 3 EL Lavendelblüten

Zubereitung:

Milch mit den Lavendelblüten zum Kochen bringen, Trinkschokolade auflösen und die Kombination in einer Tasse genießen. Ein nahrhaftes und beruhigendes Getränk, das wohltuend bis in die Tiefen der Seele dringt.

Allerhöchste Schokoladenkunst, verbunden mit feinstem Lavendel.

Lavendel-Schokoplätzchen

Die einzigartigen Kürbiskerne aus der Steiermark finden sich hier mit leckerer Schokolade und Lavendel zusammen zu einem phänomenalen Gaumengenuss. Kürbiskerne erfreuen sich zunehmender Beliebtheit, da sie positiv auf den Cholesterinwert einwirken. Außerdem schmecken sie herrlich. Vor allem auch in der Lavendel-Schokoladen-Variante.

Zutaten:

- 100 g Vollmilchschokolade
- 3 EL Lavendelhonig (siehe S. 88)
- 1 EL Lavendelzucker (siehe S. 82)
- 3 EL Kürbiskerne, fein gehackt
- Lavendelblüten zum Dekorieren

Zubereitung:

Die Vollmilchschokolade im Wasserbad schmelzen. Lavendelzucker, Lavendelhonig und die gehackten Kürbiskerne untermengen. Abkühlen lassen und kleine Plätzchen formen.

Mit Lavendelblüten bestreuen und genießen.

Lavendelkuchen

Ein leckerer Ölkuchen aufgewertet mit Lavendel verblüfft mit seinem einzigartigen Geschmack und passt auf jeden Kaffeetisch. Außerdem ein leicht gelingendes Rezept.

Es dauert einen winzigen Moment, bis der Lavendel sich bei jedem Bissen in seinem vollen Aroma entfaltet. Ein verzaubernder, blumiger Kuchengenuss.

Zutaten Kuchen:

- 200 g Zucker
- 50 g Lavendelzucker (siehe S. 82)
- 4 Eier
- ⅛ l Öl
- 300 g Mehl
- ½ Pkg. Backpulver
- ⅛ l Milch
- 2 EL Kakao

Zutaten Glassur:

- 1 Becher Joghurt
- 20 g Lavendelzucker (siehe S. 82)
- 2 EL Mascarpone
- Lavendelblüten

Zubereitung:

Zucker, Eier und Öl miteinander vermengen, Milch unterrühren. Danach das mit Backpulver vermischte Mehl und Kakao dazugeben, auf ein befettetes Blech streichen und bei 180 °C 15 Minuten backen.

Für die Glasur das Joghurt mit Lavendelzucker abrühren, Mascarpone untermengen und auf den erkalteten Kuchen streichen. Mit Lavendelblüten bestreuen.

Ein verzaubernder, blumiger Kuchengenuss!

Lavendelbrot

Lavendelbrot hat in der Provence schon eine lange Kultur und wird dort gerne zu Schinken und Wein gereicht.

Der Geschmack von frischem Lavendelbrot ist wirklich einzigartig und sollte unbedingt ausprobiert werden.

Zutaten:

» 1 kg Weizenmehl
» 1 Pkg. Trockengerm
» 200 g Butter
» 1/4 l Milch
» 1/2 TL Salz
» 5 EL Lavendelblüten

Zubereitung:

Mehl und Germ vermengen, Butter würfelig schneiden, untermengen. Milch, Salz und Lavendelblüten hinzufügen. Teig warm zugedeckt für eine halbe Stunde ruhig stellen.

Brotlaib formen und auf ein befettetes und bemehltes Blech geben. Bei 180 °C ca. 45 Minuten lang backen.

Zum Lavendelbrot passt hervorragend kräftiger Rotwein, der den Genuss vollendet.

Geröstete Erdäpfel

mit Lavendel abgerundet

Wer es vegetarisch mag, der wird das Gericht lieben. Wobei es sich flexibel für unterschiedliche Familienmitglieder gestalten lässt, denn für den, der es herzhaft mag, lässt sich gerösteter Speck oder auch ein Spiegelei leicht hinzufügen. Ganz herrlich schmeckt auch ein Kräuter-Joghurt-Dip dazu, der rasch aus Joghurt, Sauerrahm und frischen Gartenkräutern wie Schnittlauch und Petersilie hergestellt wird.

Erdäpfel mit Rosmarin sind ja allseits beliebt, aber ganz anders rundet der Lavendel die Kartoffel noch einmal ab.

Zutaten:

» ½ kg Erdäpfel
» Zwiebel
» Wasser
» Öl (Rapsöl)
» Salz
» Pfeffer
» ½ TL Rosmarin
» ½ TL Thymian
» ½ TL Lavendel

Zubereitung:

Die Erdäpfel kochen, auskühlen lassen, schälen und in Würfel schneiden. Öl in einer Pfanne erhitzen, Zwiebel anrösten, Erdäpfel goldbraun anbraten. Würzen mit Salz und Pfeffer, zuletzt die Kräuter hinzufügen, Temperatur drosseln und ganz sorgfältig und leicht die Kräuter anbraten, bis sich das Duftaroma entfaltet.

Unbedingt empfehlenswert!

Bunter Salat

mit Lavendeldressing

Ein frischer, knackiger, vitaminreicher Salat, der schnell zuzubereiten ist und köstlich schmeckt. Mit steirischem Kernöl abgerundet ein herausragendes Rezept. Eine etwas andere Salatalternative, die in ihrer bunten Mischung gut ankommt.

Zutaten:

» ½ kg Rotkraut, geschabt
» Walnüsse je nach Belieben
» Kernöl als Dressing
» Salz zum Würzen
» Thymian
» Lavendel
» Rosmarin

Zubereitung:

Geschabtes Rotkraut mit Walnüssen, Kernöl, Salz und den Kräutern zu einem Salat abrühren.

Abschmecken und genießen.

Abgerundet mit steirischem Kernöl!

DEKORATION

Lavendel dekorativ verwendet

Der Lavendel blüht im Garten und lädt dazu ein, das Heim gemütlich zu dekorieren und sich die Atmosphäre und den Duft dieser zauberhaften Pflanze in die Wohnung zu holen.

Es ist wahrscheinlich ein Grundbedürfnis eines naturliebenden Menschen, auch die eigenen vier Wände mit Materialien aus der Natur zu schmücken. Besonders eignen sich dafür die frischen, blauen Lavendelblüten, die auch in getrocknetem Zustand dekorativ aussehen.

Lavendel-Potpourri

Lavendel und Rosen, die beiden bezaubernden Duftpflanzen, werden geschnitten und in einer dekorativen Schale oder Dose getrocknet. Sie verströmen zu unserer Freude ihren Duft. Sind die Pflanzen allerdings eingetrocknet, kann mit einem Duftöl der Pflanzenduft wieder herbeigezaubert werden.

Duftet himmlisch!

Lavendel-Vasenfüllung

Eine schöne Vasenfüllung, dekorativ arrangiert mit Rosen und Lavendel aus dem eigenen Garten, kann auch als ansprechender Tischschmuck verwendet werden, wodurch das Essen gleich noch besser schmeckt.

Durch Glasvasen wird eine besonders feine und transparente Atmosphäre geschaffen, die die Leichtigkeit der Blüten nochmals betont.

Natürlich kann das Arrangement auch getrocknet werden.

Duftstein

aus unglasierter Keramik, die das Öl gut aufnehmen kann und den Duft stundenlang hält.

So schnell kann man das Nützliche mit dem Schönen verbinden. Ein schöner Duftstein entfaltet allein schon durch seine Handverarbeitung seine Energie. Mit kostbarem Lavendelöl beträufelt verströmt der Duftstein sehr lange Zeit den wunderbaren Lavendelduft.

Nicht nur in Wohnräumen, auch im Büro eignet sich ein Duftstein. Denn das Lavendelöl hilft beim Stressabbau und lässt dem Gehirn gleichzeitig eine kleine Erfrischungskur zukommen!

Lavendelkorb

Das Korbflechten an sich unterliegt einer uralten Tradition, die immer wieder weitergegeben wurde. Viel Erfahrung über die Materialien und auch ebenso viel Geduld braucht der Korbflechter zum Gelingen seines Werkes.

Das Besondere an diesem Korb ist, dass er vollkommen aus Lavendel besteht. Die Lavendelrispen werden geschnitten, sortiert, geflochten. Nach vielen Arbeitsstunden entsteht dieses Schmuckstück. Eine äußerst sorgfältige und mit Feingefühl getane Arbeit.

Ein Lavendelkorb eignet sich als kleiner Kräuterkorb oder für eine Handvoll geernteten Lavendel.

Der Hof der Familie Zotter

Uns ist ein naturnahes Arbeiten wichtig, wie etwa nur mit biologischen Mitteln zu arbeiten, Pflanzen und Boden zu schonen und sich immer wieder daran zu erinnern, dass dieses Stück Land nur geliehen ist. Das Wichtigste ist jedoch die Liebe zur Natur, zur Pflanze, zu den Lebewesen, aber auch zur Arbeit. Gewissermaßen eine uralte Bauernregel, denn wer eines davon nicht mag, wird als Bauer oder Bäuerin sein Glück nicht finden.

Der Hof mit dem Lavendelfeld liegt in der Südoststeiermark (Vulkanland), im Bezirk Feldbach, nahe der Riegersburg, eingebettet ins sanfte Hügelland, umgeben von Weinhängen und Mischwäldern. Der landwirtschaftliche Betrieb wurde von meinen Eltern hauptsächlich im Obst-, Wein- und Gemüsebau betrieben und neuerdings kam Kräuteranbau, wie der von Lavendel, hinzu.

Der Hof ist seit Jahrhunderten im Besitz meiner Familie und all die Geschichten, die im Lauf der Zeit an diesem Hof passiert sind, würden alleine schon ein ganzes Buch füllen.

Zwei Weltkriege hat er überlebt, seine Bewohner haben Todesängste ausgestanden und trotzdem weitergearbeitet, so gut es ging. Im Zweiten Weltkrieg musste die Familie alle Knechte, Mägde, Kleinkinder und Tiere zusammenpacken und kurzzeitig flüchten. Nachdem die schlimmsten Kriegswirren überstanden waren, durfte man wieder heimkehren, worauf sofort die Arbeit wieder aufgenommen wurde, um sich Nahrungsmittel zu sichern und am Leben zu bleiben.

Trotz der kargen Zeit wurde jeder, der um Unterschlupf bat, aufgenommen und jeder, der essen wollte, verköstigt. In diesem Sinne halten wir noch heute alle Türen offen und laden immer wieder zu uns auf den Hof ein.

Anfang Juli findet jährlich ein Lavendelfest zur Blütezeit am Hof statt, bei dem von Lavendelprodukten über Kostproben bis hin zu Neuigkeiten alles vorhanden ist. In diesem Zusammenhang wurden auch viele Rezepte, die in diesem Buch enthalten sind, an den Gästen erprobt. Das Resultat ist unglaublich zufriedenstellend. Die Menschen sind vom Lavendel einfach begeistert.

Was natürlich den Genuss des Lavendels noch um einiges steigert, sofern diese Möglichkeit überhaupt besteht, ist, dass wir uns an einem Flecken der Erde befinden, der Sicherheit und Ruhe vermittelt, um für die Genüsse des Lebens, und damit natürlich auch für den Lavendel, aufnahmebereit zu sein.

KONTAKT:
Familie Zotter
Edelsgraben 27
8334 Lödersdorf bei Riegersburg

www.hof-zotter.at
www.zotter-lavendel.at

Marie Zotter

ist Gärtnerin, Floristmeisterin, Kräuterpädagogin und aus voller Leidenschaft Lavendelbäuerin. In einer ländlichen Umgebung aufgewachsen, hat sie Land und Leute der bäuerlichen Umgebung kennen- und lieben gelernt. Sie setzt sich für eine naturnahe, bodenschonende Bewirtschaftung ein, da uns das Land, das wir bearbeiten, ihrer Meinung nach nur für ein Stück Lebenszeit geliehen ist.

Danke!

Danke an meine begeisterte Familie, die mich unermüdlich unterstützt und motiviert hat. Ein supergroßes Danke auch an das Freya-Team!

Für die Fotos der verschiedenen Lavendelsorten bedanke ich mich herzlich bei Rühlemann's Kräuter und Duftpflanzen (www.kraeuter-und-duftpflanzen.de) und Klaus Wenzel (Gärtnermeister und Fachvortragender, Landesversuchsanstalt Wies für Spezialkulturen).

Ebenso danke ich Peter Zotter und Franz Hirschbeck für die zur Verfügung gestellten Fotos.

Quellen:

- Renate Kauderer, Blumengeheimnisse: Blumensprache und Orakel als Boschaft und Inspiration, 2014.
- Bettina Malle/Helge Schmickl, Ätherische Öle selbst herstellen, 5. Auflage 2014.
- Anne Simonet-Avril/Sophie Boussahaba, Lavendel – Der Duft des Südens, 2005.
- M. Breckenwoldt/F. Graf von Luckner, Lavendel – Duft und Sinnlichkeit im Garten, 2012.
- Daniel Rühlemann, Rühlemann's Kräuter und Duftpflanzen, Horstedt.
- Günther Bickerich, Dr. Hans-Peter Dörfler, Prof. Dr. Karl Hiller, Prof. Dr. Gerhard Roselt, Das große Hausbuch der Arznei-, Heil- und Giftpflanzen, 2001.

Norbert Griebl

Alpenpflanzen

Die schönsten Bergtouren und Pflanzenportraits

Die ganze Faszination der Alpenblumen zeigt dieses Werk in großartigen Bildern, dass man sofort Lust auf eine Wanderung bekommt.
Norbert Griebl erwandert in 91 Bergtouren die schönsten Blumenziele und zeigt, wie wunderbar sich die Bergwelt in Österreich, Südtirol, Italien, Bayern, Liechtenstein, der Schweiz und in Frankreich zu schmücken imstande ist. Zu jedem Reiseziel wird eine Prachtblume vorgestellt, deren Begleitflora und viel Wissenswertes über das jeweilige Gebiet.

ISBN 978-3-99025-185-0

Astrid Süßmuth

Heilpflanzen am Mittelmeer

Erkennen und anwenden

„Kennst du das Land, wo die Zitronen blühn ....?"
Mittelmeerpflanzen sind als Nahrungs- und Heilmittel tief verwurzelt in Mythologie und Brauchtum.

- 73 Pflanzensteckbriefe mit Botanik und Verbreitungskarten
- übersichtliche Sortierung der Pflanzen nach Lebensraum
- Verwendung der Pflanzen von der Hausapotheke bis zur Urlaubsküche
- Mythologie und Brauchtum

ISBN 978-3-99025-298-7